중등수학
개념으로 한번에 내신 대비까지!

일차식의 계산

개념이 먼저다

안녕~ 만나서 반가워!
지금부터 일차식의 계산
공부 시작!

책의 구성과 특징

책 소개를 해 줄게.
이렇게 활용해 봐~

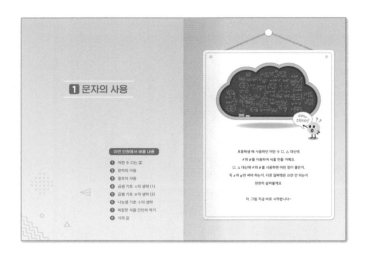

1 단원 소개

이 단원에서 배울 내용을
간단히 알 수 있어.
그냥 넘어가지 말고 꼭 읽어 봐!

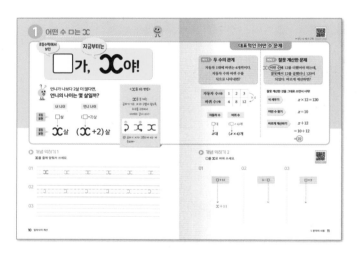

2 개념 설명, 개념 익히기

꼭 알아야 하는 중요한 개념이
여기에 들어있어.
꼼꼼히 읽어 보고, 개념을 익힐 수 있는
문제도 풀어 봐!

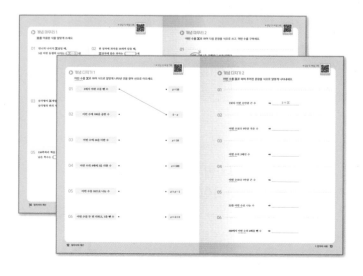

3 개념 다지기, 개념 마무리

배운 개념을 문제를 통하여 우리 친구의
것으로 완벽히 만들어주는 과정이야.
아주아주 좋은 문제들로만 엄선했으니까
건너뛰는 부분 없이 다 풀어봐야 해~

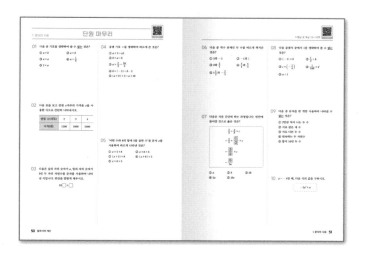

4 단원 마무리

한 단원이 끝날 때 얼마나
잘 이해했는지 스스로 확인해 봐~

서술형 문제도 있으니까
진짜 시험이다~ 생각하면서 풀면
학교 내신 대비도 할 수 있어!

걱정하지 마~

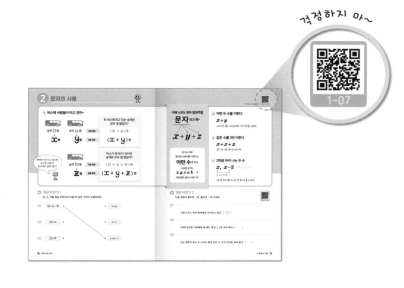

★ QR코드

매 페이지 구석구석에
개념 설명과 문제 풀이 강의가
QR코드로 들어있다구~

혼자 공부하기 어려운 친구들은
QR코드를 스캔해 봐!

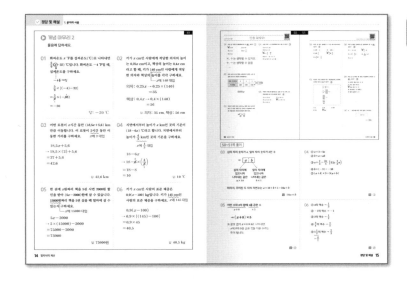

★ 친절한 해설

바로 옆에서 선생님이 설명해주는
것처럼 작은 과정 하나도 놓치지 않고
자세하게 풀이를 담았어.

틀린 문제의 풀이를 보면
정확히 어느 부분에서 틀렸는지
쉽게 알 수 있을 거야~

My study scheduler
학습 스케줄러

1. 문자의 사용

1. 어떤 수 □는 x	2. 문자의 사용	3. 괄호의 사용	4. 곱셈 기호 ×의 생략 (1)
___월 ___일	___월 ___일	___월 ___일	___월 ___일
성취도 : ☺ ☺ ☹	성취도 : ☺ ☺ ☹	성취도 : ☺ ☺ ☹	성취도 : ☺ ☺ ☹

2. 식의 덧셈과 뺄셈

1. 식	2. −를 ＋로, ÷를 ×로	3. 식의 덧셈	4. 동류항과 차수 (1)	5. 동류항과 차수 (2)
___월 ___일	___월 ___일	___월 ___일	___월 ___일	___월 ___일
성취도 : ☺ ☺ ☹	성취도 : ☺ ☺ ☹	성취도 : ☺ ☺ ☹	성취도 : ☺ ☺ ☹	성취도 : ☺ ☺ ☹

2. 식의 덧셈과 뺄셈 / 3. 일차식의 곱셈과 나눗셈

▷ 단원 마무리	1. 간단한 일차식의 곱셈	2. 분배법칙 (1)	3. 분배법칙 (2)	4. 식을 대입하기
___월 ___일	___월 ___일	___월 ___일	___월 ___일	___월 ___일
성취도 : ☺ ☺ ☹	성취도 : ☺ ☺ ☹	성취도 : ☺ ☺ ☹	성취도 : ☺ ☺ ☹	성취도 : ☺ ☺ ☹

학습한 날짜와 중요한 내용을 메모해 두고,
스스로 성취도를 표시해 봐!

1. 문자의 사용

5. 곱셈 기호 ×의 생략 (2)	6. 나눗셈 기호 ÷의 생략	7. 복잡한 식을 간단히 하기	8. 식의 값	▷ 단원 마무리
___월 ___일	___월 ___일	___월 ___일	___월 ___일	___월 ___일
성취도 : ☺ ☹ ☹	성취도 : ☺ ☹ ☹	성취도 : ☺ ☹ ☹	성취도 : ☺ ☹ ☹	성취도 : ☺ ☹ ☹

2. 식의 덧셈과 뺄셈

6. 계수	7. 항	8. 단항식과 다항식	9. 식의 분류	10. 문자 x에 대한 식
___월 ___일	___월 ___일	___월 ___일	___월 ___일	___월 ___일
성취도 : ☺ ☹ ☹	성취도 : ☺ ☹ ☹	성취도 : ☺ ☹ ☹	성취도 : ☺ ☹ ☹	성취도 : ☺ ☹ ☹

3. 일차식의 곱셈과 나눗셈

5. 분수 모양의 식 계산 (1)	6. 분수 모양의 식 계산 (2)	7. 복잡한 식 정리하기	▷ 단원 마무리
___월 ___일	___월 ___일	___월 ___일	___월 ___일
성취도 : ☺ ☹ ☹	성취도 : ☺ ☹ ☹	성취도 : ☺ ☹ ☹	성취도 : ☺ ☹ ☹

한눈에 보는 〈일차식의 계산〉

식에 문자를 사용하면 복잡한 것을 간단히 나타낼 수 있어!

$$x + 1$$

그런데 만약에 $x^2 - 4x^2$과 같이 식이 복잡하다면? 간단히 해야겠지!

수의 계산

$$123 - 10 - 10 + 7 \, (=) \, 110$$

이것을 기준으로
양쪽의 값이 같다는 의미로,
'123 – 10 – 10 + 7'을 간단히 하면
110이라는 뜻!

식의 계산

$$5x^2y - 4x^2y = x^2y$$

초등학교에서 수를 +, −, ×, ÷ 했던 것처럼,
이 책에서는 문자가 있는 식의 +, −, ×, ÷를 다루지!

차 례

1 문자의 사용

이번 단원에서 배울 내용

1 어떤 수 □는 x

2 문자의 사용

3 괄호의 사용

4 곱셈 기호 ×의 생략 (1)

5 곱셈 기호 ×의 생략 (2)

6 나눗셈 기호 ÷의 생략

7 복잡한 식을 간단히 하기

8 식의 값

초등학생 때 사용하던 어떤 수 □, △ 대신에

x와 y를 사용하여 식을 만들 거야.

□, △ 대신에 x와 y를 사용하면 어떤 점이 좋은지,

꼭 x와 y만 써야 하는지, 다른 알파벳은 쓰면 안 되는지

천천히 살펴보자.

자, 그럼 지금 바로 시작~

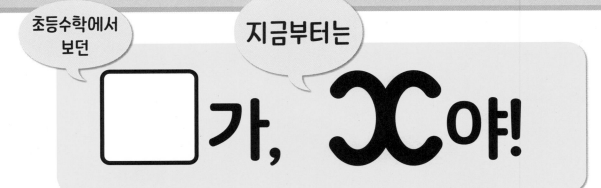

초등수학에서 보던

지금부터는

□가, x야!

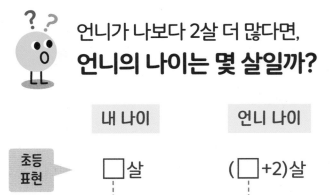

언니가 나보다 2살 더 많다면,
언니의 나이는 몇 살일까?

내 나이	언니 나이

초등 표현 ▶ □살 ⋯⋯⋯▶ (□+2)살

중등 표현 ▶ x살 (x+2)살

<x를 쓰는 방법>

x를 쓸 때는
곱하기 기호 ×와 구별이 쉽도록,
좌우를 구부려서
아래와 같이 쓰지~

① ②

❗ 곱하기 ×와 구분되게 쓰는 게
중요해~

▶ **개념 익히기 1**

x를 줄에 맞춰서 쓰세요.

01

x 　　x 　　x 　　x 　　x 　　x

02

03

대표적인 어떤 수 문제

예제 1 두 수의 관계

자동차 1대에 바퀴는 4개씩이다.
자동차 수와 바퀴 수를
식으로 나타내면?

자동차 수(대)	1	2	3	
바퀴 수(개)	4	8	12	×4

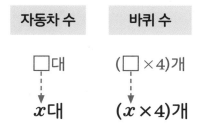

자동차 수	바퀴 수
□대	(□×4)개
↓	↓
x대	(x×4)개

예제 2 잘못 계산한 문제

x 어떤 수에 12를 더했어야 하는데,
잘못해서 12를 곱했더니 120이
되었다. 바르게 계산하면?

잘못 계산한 것을 그대로 쓰면서 시작!

식 세우기	$x \times 12 = 120$
어떤 수 찾기	$x = 10$
바르게 계산하기	$x + 12$
	$= 10 + 12$
	$= 22$

▶ 개념 익히기 2

□를 x로 바꿔 쓰세요.

 1-02

01

□+11

↓

x+11

02

5−□

↓

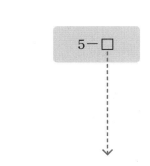

03

□×3

↓

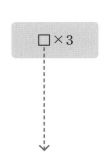

▶정답 및 해설 2쪽

▶ 개념 다지기 1

어떤 수를 x로 하여 식으로 알맞게 나타낸 것을 찾아 선으로 이으세요.

01   5에서 어떤 수를 뺀 수   •   • $x+10$

02   어떤 수에 100을 곱한 수   •   • $5-x$

03   어떤 수에 10을 더한 수   •   • $x \div 10$

04   어떤 수의 4배에 3을 더한 수   •   • $x \times 100$

05   어떤 수를 10으로 나눈 수   •   • $x+x-1$

06   어떤 수를 두 번 더하고, 1을 뺀 수   •   • $x \times 4+3$

▶ 개념 다지기 2

어떤 수를 x로 하여 주어진 문장을 식으로 알맞게 나타내세요.

01

2보다 어떤 수만큼 큰 수　　➡　_____ $2+x$ _____

02

어떤 수보다 9만큼 작은 수　　➡　_____

03

어떤 수의 2배인 수　　➡　_____

04

어떤 수보다 7만큼 큰 수　　➡　_____

05

32를 어떤 수로 나눈 수　　➡　_____

06

100에서 어떤 수의 6배를 뺀 수　　➡　_____

▶ 개념 마무리 1

x를 이용한 식을 알맞게 쓰세요.

01 언니의 나이가 x살일 때,
5살 어린 동생의 나이는 ($x-5$)살

02 한 상자에 과자를 10개씩 담을 때,
x상자에 담은 과자는 (   )개

03 삼각형이 x개일 때,
삼각형의 변의 개수는 모두 (   )개

04 길이가 x cm인 테이프를 4등분할 때,
한 도막의 길이는 (   ) cm

05 150쪽짜리 책을 x쪽 읽었을 때,
남은 쪽수는 (   )쪽

06 가로가 10 cm, 세로가 x cm인
직사각형의 둘레는 $\{2\times ($ $)\}$ cm

▶ 개념 마무리 2

어떤 수를 x로 하여 다음 문장을 식으로 쓰고, 어떤 수를 구하세요.

01

x
(어떤 수)에 7을 곱했더니 42가 되었다.

식 $x \times 7 = 42$ 답   6

02

어떤 수에서 11을 뺐더니 5가 되었다.

식   답

03

123을 어떤 수로 나누었더니 몫이 3으로 나누어떨어졌다.

식   답

04

20에 어떤 수를 곱했더니 8의 5배와 같았다.

식   답

05

60과 어떤 수를 더하고, 다시 50을 뺐더니 21이 되었다.

식   답

06

어떤 수와 어떤 수보다 2만큼 큰 수를 합하면 30이다.

식   답

2 문자의 사용

⭐ 버스에 사람들이 타고 있어~

승객 □ 명
→ x 명

승객 △ 명
→ y 명

두 버스에 타고 있는 승객은 모두 몇 명일까?

초등 표현 → (□ + △) 명

중등 표현 → ($x + y$) 명

만약에 버스가 더 있다면, 또 다른 도형이나 알파벳이 필요하겠지?

승객 ♡ 명
→ z 명

버스가 한 대 더 있다면 승객은 모두 몇 명일까?

초등 표현 → (□ + △ + ♡) 명

중등 표현 → ($x + y + z$) 명

▶ 개념 익히기 1

□, △, ♡를 중등 표현으로 바꿀 때, 같은 것끼리 연결하세요.

01 □ + △ − ♡ •   • $x + y$

02 □ + △ •   • $x \div z$

03 □ ÷ ♡ •   • $x + y - z$

식에 나오는 영어 알파벳을

문자 라고 해~

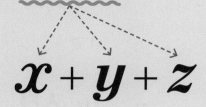

$x + y + z$

문자는 주로
알파벳 소문자를 이용하고,
어떤 수를 뜻해.
사용할 문자는
$x, y, z, a, b, \cdots$ 등
마음대로 골라서 써도 돼!

⭐ **어떤 두 수를 더한다.**

$x + y$

서로 다른 수를 나타낼 때는 다른 문자를 사용해!

⭐ **같은 수를 3번 더한다.**

$x + x + x$

같은 수는 같은 문자로 쓰면 돼!

⭐ **2만큼 차이 나는 두 수**

$x, \ x - 2$ (또는 $x, x+2$)

두 수의 차이는 2

서로 관계가 있는 두 수는 한 문자로 쓸 수 있어!

▶ **개념 익히기 2**

다음 설명이 옳으면 ○표, 틀리면 ×표 하세요.

01

식에 나오는 영어 알파벳을 문자라고 한다. (○)

02

2개의 문자를 사용해야 할 때는 항상 x, y만 써야 한다. (   )

03

서로 관계가 있는 두 수라도 항상 다른 두 가지 문자를 써야 한다. (   )

3 괄호의 사용

(괄호)의 의미

① 먼저 계산하라는 뜻

예 2−(3−5)
  = 2−(−2)
  = 4

괄호 안을 먼저 계산할 수 없으면

② 한 덩어리로 보라는 뜻

예 2−(a+b)
  = 2−a−b

> a와 b를 합한 것을 빼는 거니까~

> 각각을 빼는 거지~

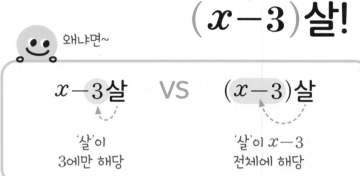

내 나이가 x살이면, ➡ 3살 어린 동생은?
$\underline{x-3}$살!

이렇게 괄호를 해야 정확한 표현!

$(x-3)$살!

왜냐면~

$x-3$살   VS $(x-3)$살

'살'이 3에만 해당

'살'이 $x-3$ 전체에 해당

응용 나와 동생 나이의 합 : $x+(x-3)$

나와 동생 나이의 차 : $x-(x-3)$

▶ 개념 익히기 1

문장을 식으로 나타내려고 합니다. 필요한 부분에 ( )를 표시하세요.

01

우리 모둠에 2명이 더 들어왔을 때, 모둠의 인원

➡ $(x + 2)$명

02

가지고 있는 사탕 중 5개를 먹고 남은 사탕의 개수

➡ $x − 5$ 개

03

밀가루 100 g 중 일부를 사용하고 남은 밀가루의 양

➡ $100 − x$ g

★ 분모나 분자도 **한 덩어리!**

$$\frac{7-a}{a+b} = \frac{(7-a)}{(a+b)}$$

괄호를 하면 **식의 모양**이 **변형**될 때, 실수를 줄일 수 있어!

분수 모양의 식이 **변형** 되는 경우

① 식끼리 곱할 때

$$\frac{(a+b)}{4} \times \frac{5}{(a+1)}$$

② 식을 통분할 때

$$\left(\frac{a-2}{6}, \frac{b+1}{3}\right)$$

$$\Rightarrow \left(\frac{a-2}{6}, \frac{(b+1)\times 2}{3\times 2}\right)$$

이것 외에도 분수 모양의 식이 변형되는 경우는 아주 많아~

▶ 개념 익히기 2

분수 모양의 식에서 괄호가 필요한 부분에 ( )를 표시하세요.

01

$$\frac{(a+b)}{2} \div \frac{3}{a}$$

02

$$\left(\frac{a+1}{3}, \frac{b}{9}\right) \Rightarrow \left(\frac{a+1 \times 3}{3 \times 3}, \frac{b}{9}\right)$$

03

$$\frac{a+b}{a-b} \times \frac{6}{7}$$

▶ 개념 다지기 1

알맞은 것을 골라 빈칸을 채우세요.

01 버스 3대에 탄 승객 수의 합

➡ $(x+y+\boxed{z})$명

| 3 | z |

02 세 쌍둥이의 나이의 합

➡ $(a+\boxed{}+a)$살

| a | b |

03 2년 후의 선생님 나이

➡ $(x+\boxed{})$살

| a | 2 |

04 내 몸무게와 친구 몸무게의 합

➡ $(a+\boxed{})$ kg

| a | b |

05 정사각형의 둘레

➡ $(a \times \boxed{})$ cm

| 4 | x |

06 밑면의 가로가 5 cm인 직육면체의 부피

➡ $(5 \times \boxed{} \times y)$ cm³

| x | 1 |

▶ 개념 다지기 2

x와 괄호를 사용하여 빈칸에 알맞은 식을 쓰세요.

01
사과 3개를 사려고 10000원을 냈다.
사과 1개의 가격: x원,
사과 3개의 가격: $(x \times 3)$원

➡ 거스름돈은
$\{10000 - (x \times 3)\}$원이다.

02
엄마는 나보다 30살 더 많다.

나: x살, 엄마: ☐살

➡ 나와 엄마의 나이의 합은
$\{ ☐ + \}$살이다.

03
영어는 수학보다 10점 더 낮다.

수학: x점, 영어: ☐점

➡ 수학과 영어 점수의 합은
$\{ ☐ + \}$점이다.

04
정사각형의 둘레가 x cm이다.

한 변의 길이: ☐ cm

➡ 정사각형의 넓이는
$\{ \times \}$ cm²이다.

05
직사각형의 둘레가 20 cm일 때,
(가로)+(세로)는 ☐ cm이다.
가로: x cm, 세로: ☐ cm

➡ 직사각형의 넓이는
$\{ ☐ \times \}$ cm²이다.

06
어떤 삼각형의 넓이가 15 cm²일 때,
(밑변)×(높이)는 ☐ cm²이다.
밑변의 길이: x cm

➡ 삼각형의 높이는
☐ cm이다.

▶ 개념 마무리 1

관계있는 것끼리 선으로 연결하세요.

01   어떤 두 수의 곱의 10배 •————————• $(x \times y) \times 10$

02   어떤 두 수의 합을 10으로 나눈 것 •   • $(x \times 6) + y$

03   어떤 수의 6배와 다른 수의 합 •   • $x \times (3 - x)$

04   어떤 두 수의 합의 6배 •   • $(x + y) \div 10$

05   2만큼 차이 나는 두 수의 곱 •   • $(x + y) \times 6$

06   합이 3인 두 수의 곱 •   • $x \times (x - 2)$

▶ 개념 마무리 2

보기에서 물음에 알맞은 식을 찾아 쓰세요.

◀ 보기 ▶

$x-3$	$3+x+y$	$x \div 3$
$3-x$	$3 \times (x+y)$	$3 \times x$

01

지안이보다 3살 어린 동생의 나이는? $\underline{(x-3)}$ 살

02

가로가 3 cm인 직사각형의 넓이는? _____ cm²

03

찰흙 몇 g을 3모둠에게 똑같이 나누어 주었을 때, 한 모둠이 갖게 되는 찰흙의 무게는?

_____ g

04

3 L짜리 주스를 몇 L 마셨을 때, 남은 주스의 양은? _____ L

05

사탕이 3개씩 든 사탕 봉지를 언니가 몇 봉지, 내가 몇 봉지 가져왔다면, 사탕은 모두 몇 개일까?

_____ 개

06

오늘 내가 캔 고구마 3 kg과 엄마가 캔 고구마 몇 kg, 그리고 아빠가 캔 고구마 몇 kg을 모두 합하면 몇 kg일까?

_____ kg

4 곱셈 기호 ×의 생략 (1)

곱셈 기호 ×랑 어떤 수 x는 비슷하게 생겨서 헷갈려.

그러면 곱셈 기호 ×는 생략하자!

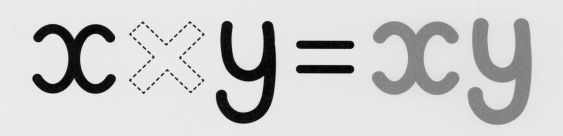

$$x \times y = xy$$

❗ 숫자 사이의 곱하기 × 는 생략하지 않아!

$2 \times 3 \longrightarrow \cancel{23}$

이렇게 쓰면 두 자리 자연수 23처럼 보이니까 안 되겠지?

이럴 땐 계산해서 6으로 쓰거나 × 대신 ·을 찍어서 2·3으로 써~

▶ 개념 익히기 1

◯ 안에 알맞은 연산 기호를 쓰세요.

01

$a \ \textcircled{\times} \ b = ab$

02

$x \ \bigcirc \ y = xy$

03

$3 \ \bigcirc \ 4 = 12$

곱셈 기호 ✕ 생략의 규칙 기본 규칙

규칙 ① 수는 문자 앞에 쓰기

$$x \times (-4)$$

$$= -4x$$

규칙 ② 문자끼리는 알파벳 순서로!

$$a \times c \times b$$

$$= abc$$

규칙 ③ 분모가 없으면, 분모를 1로 보기

$$a \times \frac{2}{3} = \frac{a}{1} \times \frac{2}{3} = \frac{2a}{3}$$

분수도 수니까, 문자 앞에 써도 돼. $= \frac{2}{3}a$

규칙 ④ 수와 문자는 괄호보다 앞에~

$$(x+y) \times a \times 2$$

$$= 2a(x+y)$$

수   문자   괄호

▶ **개념 익히기 2**

곱셈 기호 ✕를 생략하여 규칙에 따라 쓰세요.

01

$$c \times a \times b = abc$$

02

$$d \times \frac{11}{7} =$$

03

$$(-6) \times x =$$

곱셈 기호 ✕ 생략의 규칙 1의 생략

규칙① 문자와 곱해진 1은 생략하기

$$x \times 1 = 1x$$
$$= \boldsymbol{x}$$

규칙② −1을 곱할 때는 부호만 남기기

$$x \times (-1) = -1x$$
$$= \boldsymbol{-x}$$

규칙③ 분자에 있는 1도 생략하기

$$x \times \frac{1}{10} = \frac{\boldsymbol{x}}{\boldsymbol{10}}$$

$\dfrac{1}{10}$을 수로 보고 $\dfrac{1}{10}x$로 써도 돼~

주의 $0.x$라고는 쓰지 않아!

$$0.1 \times x = 0.x$$
$$= \boldsymbol{0.1x}$$

▶ **개념 익히기 1**

곱셈 기호 ×를 생략하여 규칙에 따라 쓰세요.

01

$a \times (-1) = -a$

02

$b \times 1 =$

03

$y \times 0.1 =$

곱셈 기호 ✖ 생략의 규칙 같은 문자의 곱

같은 숫자끼리 곱할 때는
거듭제곱으로 썼지~

① 2를 3번 곱하면,

➡ $2 \times 2 \times 2 = 2^3$

② 2를 4번 곱한 것에
3을 2번 곱하면,

➡ $2 \times 2 \times 2 \times 2 \times 3 \times 3$
$= 2^4 \times 3^2$

⭐ 같은 문자를 곱할 때는 거듭제곱!

$$x \times x \times x = x^3$$

⭐ 여러 가지 문자의 거듭제곱도 알파벳 순서로!

$$y \times y \times x \times x \times x = x^3 y^2$$

⭐ ( )가 여러 번 곱해질 때도 거듭제곱!

$$(a+b) \times (a+b) = (a+b)^2$$

▶ 개념 익히기 2

곱셈 기호 ✕를 생략하여 규칙에 따라 쓰세요.

1-18

01

$b \times b \times b \times b = b^4$

02

$x \times y \times y \times y =$

03

$a \times b \times a \times b \times b =$

▶정답 및 해설 7쪽

▶ 개념 다지기 1

수에 ○표 하고, 곱셈 기호 ×를 생략하여 쓰세요.

01 $b \times \dfrac{1}{20} = \dfrac{b}{20}$ 또는 $\dfrac{1}{20}b$

02 $\left(-\dfrac{1}{3}\right) \times a =$

03 $x \times (-1) =$

04 $b \times \left(-\dfrac{9}{2}\right) =$

05 $\dfrac{5}{8} \times y =$

06 $x \times \dfrac{1}{10} \times (-1) =$

▶ 개념 다지기 2

괄호로 묶인 식에 ○표 하고, 곱셈 기호 ×를 생략하여 쓰세요.

01

$$\text{ⓧ}(x-y)\text{ⓧ}\times(x-y)\times 2 \times z = 2z(x-y)^2$$

02

$$(x+y)\times 8 =$$

03

$$a \times (x+y) =$$

04

$$5 \times (a+b) \times c =$$

05

$$(a+b) \times 3 \times (a+b) =$$

06

$$-a \times 1 \times (a-b) \times (a-b) =$$

▶ 개념 마무리 1

곱셈 기호 ×를 생략하여 쓰세요.

01 $(a-b) \times 0.1 \times x$

$= 0.1x(a-b)$

02 $y \times x \times 1 \times y$

$=$

03 $\dfrac{1}{3} \times (x+y) \times (x+y)$

$=$

04 $a \times (-3) \times 2 \times b$

$=$

05 $c \times b \times b \times (a+c)$

$=$

06 $(-0.1) \times a \times a \times (a+b) \times b$

$=$

▶ 개념 마무리 2

주어진 식을 간단히 나타냈을 때 나머지와 다른 하나를 찾아 ○표 하세요.

01

$$a \times (-1) = -a$$

$$-a$$

$$\boxed{a-1}$$

02

$$6 \times x \times 4 \times y$$

$$2 \times 4 \times y \times x$$

$$y \times x \times (-12) \times (-2)$$

03

$$x \times (a+b) \times 2$$

$$(a+b) \times 2 \times x$$

$$x \times 1 \times 1 \times (a+b)$$

04

$$-a \times a \times (-2) \times a$$

$$2 \times a \times (-1) \times a \times a$$

$$(-2) \times a \times a \times a$$

05

$$(a+b) \times \frac{1}{2} \times c \times c$$

$$c \times (a+b)^2 \times \frac{1}{2}$$

$$\frac{1}{2} \times c \times (b+a) \times (a+b)$$

06

$$x \times y \times z \times x$$

$$x \times y \times z \times z$$

$$x \times x \times z \times y$$

★ ÷도 ×로 바꿔서 생략할 수 있어~

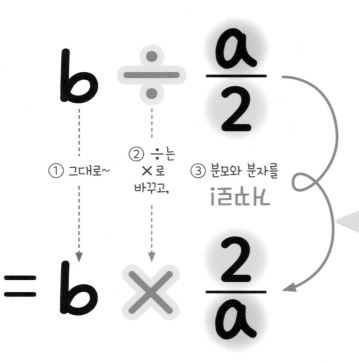

① 그대로~

② ÷는 ×로 바꾸고,

③ 분모와 분자를 뒤집어

'역'은 '거꾸로' 라는 뜻!

이게 역수야~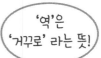

$\dfrac{a}{2}$ 의 역수는? $\dfrac{2}{a}$

$-\dfrac{1}{3}$ 의 역수는? $-\dfrac{3}{1} = -3$

4 의 역수는? $\dfrac{1}{4}$
$\left(4 = \dfrac{4}{1}\right)$

$(a+b)$의 역수는? $\dfrac{1}{(a+b)}$

❗ 역수 관계인 두 수의 곱은 1이지.

❗ 분모가 없으면, 1을 분모로 생각해서 역수 찾기!

❗ 괄호는 한 덩어리니까 괄호 통째로 거꾸로!

이 때, ×를 생략하고 쓴 식이 $b\frac{2}{a}$이면 대분수와 헷갈리니까 분자끼리, 분모끼리 계산해서 $\dfrac{2b}{a}$와 같이 쓰자!

▶ 개념 익히기 1

빈칸을 알맞게 채우세요.

01

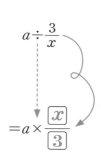

$a \div \dfrac{3}{x}$

$= a \times \dfrac{\boxed{x}}{\boxed{3}}$

02

$4 \div \dfrac{b}{a}$

$= 4 \times \dfrac{\boxed{}}{\boxed{}}$

03

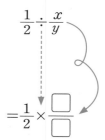

$\dfrac{1}{2} \div \dfrac{x}{y}$

$= \dfrac{1}{2} \times \dfrac{\boxed{}}{\boxed{}}$

분수 모양 곱하기는 이것만 기억해!

$$\frac{\triangle}{\square} \times \heartsuit = \frac{\triangle \times \heartsuit}{\square}$$

$$\frac{\triangle}{\square} \times \frac{\heartsuit}{\diamond} = \frac{\triangle \times \heartsuit}{\square \times \diamond}$$

$$b \times \frac{2}{a} = \frac{b \times 2}{a}$$

수는 문자 바로 앞!

$$= \frac{2b}{a}$$

$$c \times \frac{1}{b} \times a = \frac{c \times a}{b}$$

알파벳 순서로!

$$= \frac{ac}{b}$$

$$\frac{1}{c} \times a \times \frac{1}{b} = \frac{a}{c \times b}$$

$$= \frac{a}{bc}$$

▶ 개념 익히기 2

곱셈 기호 ×를 생략하여 간단히 나타낼 때, 분자가 되는 것끼리 묶으세요.

01

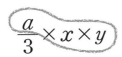

$$\frac{a}{3} \times x \times y$$

02

$$a \times \frac{b}{4} \times c$$

03

$$\frac{b}{7} \times a \times \frac{2}{x}$$

▶ 개념 다지기 1

간단히 나타냈을 때 분자가 되는 것끼리 묶고, 곱셈 기호 ×를 생략하여 나타내세요.

01 $\dfrac{2}{b} \times a \times \dfrac{4}{c} = \dfrac{8a}{bc}$

02 $x \times \dfrac{-3}{y} \times z =$

03 $a \times \dfrac{3}{4} \times \dfrac{c}{b} =$

04 $\dfrac{7}{9} \times \dfrac{z}{x} \times \dfrac{1}{y} =$

05 $(-2) \times 3 \times \dfrac{b}{a} =$

06 $\dfrac{1}{y} \times \dfrac{6}{-5} \times x =$

▶ 개념 다지기 2

나눗셈 기호 ÷를 곱셈 기호 ×로 바꿔서 생략하는 과정입니다. 빈칸을 알맞게 채우세요.

01

$$a \div \frac{4}{3} = a \times \boxed{\frac{3}{4}} = \boxed{\frac{3a}{4}}$$

02

$$x \div \frac{b}{a} = x \times \frac{\boxed{}}{\boxed{}} = \frac{\boxed{}}{\boxed{}}$$

03

$$2 \div \frac{y}{x} = 2 \times \frac{\boxed{}}{\boxed{}} = \frac{\boxed{}}{\boxed{}}$$

04

$$\frac{1}{3} \div \frac{b}{a} = \frac{1}{3} \times \frac{\boxed{}}{\boxed{}} = \frac{\boxed{}}{\boxed{}}$$

05

$$2 \div a \times \frac{3}{b} = 2 \times \frac{\boxed{}}{\boxed{}} \times \frac{\boxed{}}{\boxed{}} = \frac{\boxed{}}{\boxed{}}$$

06

$$\frac{13}{7} \times \frac{y}{x} \div z = \frac{\boxed{}}{\boxed{}} \times \frac{y}{x} \times \frac{\boxed{}}{\boxed{}} = \frac{\boxed{}}{\boxed{}}$$

▶ 개념 마무리 1

나눗셈식을 곱셈식으로 바꿔 쓰세요.

01 $x \div \dfrac{(a+b)}{5}$

➡ $x \times \dfrac{5}{(a+b)}$

02 $a \div \dfrac{b}{3}$

➡

03 $z \div \left(-\dfrac{1}{x}\right)$

➡

04 $x \div \left(-\dfrac{b}{a}\right)$

➡

05 $b \div \dfrac{1}{(a+1)}$

➡

06 $x \div (y+z)$

➡

▶ 개념 마무리 1

▶ 개념 마무리 2

나눗셈 기호 ÷와 곱셈 기호 ×를 생략하여 간단히 쓰세요.

01

$$a \div \frac{y}{x} \times 6 = a \times \frac{x}{y} \times 6 = \frac{6ax}{y}$$

02

$$a \times b \div \frac{3}{4}$$

03

$$5 \times (b+1) \div a$$

04

$$a \div b \times \frac{1}{2}$$

05

$$x \div \frac{1}{(y+1)} \times 4$$

06

$$(y+5) \div 2 \times x$$

7 복잡한 식을 간단히 하기

괄호가 없으면?	괄호가 있으면?
앞에서부터 계산	**괄호부터 계산**
$a \div b \div c$	$a \div (b \div c)$
	$= a \div \left(b \times \dfrac{1}{c}\right)$
$= a \times \dfrac{1}{b} \times \dfrac{1}{c}$	$= a \div \dfrac{b}{c}$
	$= a \times \dfrac{c}{b}$
$= \dfrac{a}{bc}$	$= \dfrac{ac}{b}$

괄호가 있는 것과 없는 것의 결과가 다르네…

▶ **개념 익히기 1**

괄호 안의 나눗셈 기호 ÷를 곱셈 기호 ×로 바꿔서 빈칸을 채우세요.

01

$$x \div (y \div x)$$

$$= x \div \left(y \bigotimes \dfrac{1}{\boxed{x}}\right)$$

02

$$5 \div (a \div b)$$

$$= 5 \div \left(a \bigcirc \dfrac{1}{\Box}\right)$$

03

$$(a \div b) \div c$$

$$= \left(a \bigcirc \dfrac{1}{\Box}\right) \div c$$

+, −, ×, ÷가 섞여 있으면?

×, ÷는 생략! +, −는 그대로!

$$a \underset{\text{생략!}}{\textcircled{×}} 5 - 4 \underset{\text{× 로 바꿔서}}{\textcircled{÷}} (x + y)$$

괄호는
한 덩어리로
생각하기~

$$= 5a - 4 \underset{\text{생략!}}{\textcircled{×}} \frac{1}{(x + y)}$$

$$= 5a - \frac{4}{(x + y)}$$

이게
계산 끝!

▶ **개념 익히기 2**

생략할 수 **없는** 기호에 ○표 하세요.

01 ────────────

$$a \times 5 \ominus 11 \div b$$

02 ────────────

$$3 \div x + 2 \times y$$

03 ────────────

$$7 + 8 \times b \div a$$

▶정답 및 해설 10쪽

▶ 개념 다지기 1

빈칸을 채워서 계산하세요.

01 $5 \div \left(\dfrac{b}{a} \times 3 \right)$

$= 5 \div \dfrac{\boxed{3b}}{a}$

$= 5 \times \dfrac{a}{\boxed{3b}}$

$= \dfrac{\boxed{}}{\boxed{}}$

02 $x \div \dfrac{2}{3} \div y$

$= x \times \dfrac{\boxed{}}{2} \times \dfrac{1}{\boxed{}}$

$= \dfrac{\boxed{}}{\boxed{}}$

03 $x \times y \div z$

$= x \times y \times \dfrac{1}{\boxed{}}$

$= \dfrac{\boxed{}}{\boxed{}}$

04 $(a \div b) \times c$

$= \left(a \times \dfrac{1}{\boxed{}} \right) \times c$

$= \dfrac{a}{\boxed{}} \times c$

$= \dfrac{\boxed{}}{\boxed{}}$

05 $\left(\dfrac{1}{x} \times y \right) \div \dfrac{z}{5}$

$= \dfrac{y}{\boxed{}} \div \dfrac{\boxed{}}{5}$

$= \dfrac{y}{\boxed{}} \times \dfrac{5}{\boxed{}}$

$= \dfrac{\boxed{}}{\boxed{}}$

06 $a \times \dfrac{3}{b} \div \dfrac{1}{c}$

$= a \times \dfrac{3}{b} \times \boxed{}$

$= \dfrac{\boxed{}}{\boxed{}}$

▶ 개념 다지기 2

다음 식에서 생략할 수 있는 기호를 찾아 ○표 하고, 생략한 식으로 쓰세요.

01

$3 \div x + 2$

↓

$$\dfrac{3}{x} + 2$$

$3 \div x + 2 = 3 \times \dfrac{1}{x} + 2$

$= \dfrac{3}{x} + 2$

02

$a + 2 \times b - c$

↓

03

$x - y \div z$

↓

04

$a \div \dfrac{2}{b} + 7$

↓

05

$x \times y + z$

↓

06

$0.1 - a + 2 \times b$

↓

▶정답 및 해설 10쪽

▶ 개념 마무리 1

생략할 수 있는 기호를 생략하여 식을 간단히 나타내세요.

01

$$b \times 3 \div a + c = b \times 3 \times \frac{1}{a} + c = \frac{3b}{a} + c$$

02

$$a \times b \div c + 10$$

03

$$x \times (y + 3) - 3 \div z$$

04

$$x \times x + (x + y) \times y$$

05

$$11 \times \frac{1}{a} \times b - \frac{b}{a} \div c$$

06

$$a \times (b + 7) - a \div \left(b \div \frac{1}{c} \right)$$

▶ 개념 마무리 2

기호를 생략하면 왼쪽의 식과 같아지는 식을 모두 고르세요.

01

$\dfrac{ab}{c}$

$a \div b \div c$ $\boxed{a \times b \div c}$ $a \div b \times c$

02

abc

$a \times b \times c$ $a \div \left(\dfrac{1}{b} \div \dfrac{1}{c} \right)$ $a \times c \div \dfrac{1}{b}$

03

$\dfrac{1}{abc}$

$a \div b \div \dfrac{1}{c}$ $\dfrac{1}{a} \div b \div c$ $\dfrac{1}{a} \times b \div c$

04

$\dfrac{c}{ab}$

$\dfrac{1}{a} \div b \times c$ $c \div a \times \dfrac{1}{b}$ $a \times (b \div c)$

05

$\dfrac{a^2}{bc}$

$a \div \dfrac{b}{a} \div c$ $a \div \dfrac{1}{b} \times \dfrac{a}{c}$ $\dfrac{a}{b} \div \dfrac{c}{a}$

8 식의 값

문자가 있는 식에서
문자의 값을 알면?

문자 **대신** 수를 **넣어서**
계산하면 되지!

그 값을
식의 값 이라고 불러~

대신 넣는 것을
대입이라고 해~

대 입
대신   넣다

식에서,
문자 대신에 어떤
수로 바꾸어 넣는 것

▶ 개념 익히기 1

$a = 10$일 때, 다음 식의 값을 구하세요.

01

$3 \div a$
↑
10

➡ $\dfrac{3}{10}$

02

$20 + a$

➡

03

a^2

➡

문제 $x = -5$ 일 때,
$-4x + x^2$ 의 값은?

식의 값을 구하는 방법

1단계

생략된 곱셈 기호가 있으면 곱셈 기호 **✕**를 다시 쓰기

* 거듭제곱은 그대로!

풀이

$-4x + x^2$
$= -4 \times x + x^2$

$= -4 \times (\quad) + (\quad)^2$

2단계

문자가 있던 자리에 **문자 대신 괄호를 쓰기**

$= -4 \times (\mathbf{-5}) + (\mathbf{-5})^2$
$= 20 + 25$
$= 45$

3단계

괄호에 주어진 수를 대입하여 계산하기

▶ **개념 익히기 2**

주어진 식에서 생략된 곱셈 기호 ✕를 다시 써서 나타내세요.

01

$-5x + 12y$

$= (-5) \times x + 12 \times y$

02

$4xy$

03

$2a(b-c)$

▶정답 및 해설 12쪽

▶ 개념 다지기 1

생략된 곱셈 기호 ×는 다시 쓰고, 문자 a 대신 괄호(　)를 쓰세요.

01 $-2a^2+3a$

$=-2\times a^2+3\times a$

$=-2\times(\quad)^2+3\times(\quad)$

02 $5-a$

03 $4a-11$

04 $6-a^2$

05 $a-\dfrac{1}{3}a^2$

06 $\dfrac{1}{2}a^3-7a$

▶정답 및 해설 12쪽

▶ 개념 다지기 2

빈칸을 알맞게 채우고, 식의 값을 구하세요.

01

$$a=-10$$

$$-14a-a^2$$
$$=-14\times(\boxed{-10})-(\boxed{-10})^2$$
$$=140-100$$
$$=40$$

02

$$a=3$$

$$-a-3$$
$$=-(\boxed{})-3$$
$$=$$

03

$$x=6$$

$$20-9x$$
$$=20-9\times(\boxed{})$$
$$=$$

04

$$b=-4$$

$$-\frac{1}{2}b+19$$
$$=-\frac{1}{2}\times(\boxed{})+19$$
$$=$$

05

$$y=-2$$

$$-6y-y^2+8$$
$$=$$

06

$$c=\frac{3}{5}$$

$$10c-25c^2$$
$$=$$

▶ 개념 마무리 1

$a=4$, $b=-6$일 때, 다음 식의 값을 구하세요.

01 $a^2-b=22$

$\quad (4)^2-(-6)$

$=16+6$

$=22$

02 $5a-3b$

03 $-a^2+b^2$

04 $7ab$

05 $-2ab+\dfrac{1}{2}b^2$

06 $a^2-b+2ab$

▶ 개념 마무리 2

물음에 답하세요.

01 화씨온도 x °F를 섭씨온도(℃)로 나타내면 $\dfrac{5}{9}(x-32)$ ℃입니다. 화씨온도 -4 °F일 때, 섭씨온도를 구하세요.

-4를 대입

$$\dfrac{5}{9} \times \{(-4)-32\}$$

$$=\dfrac{5}{\underset{1}{9}} \times (-\overset{4}{36})$$

$$=-20$$

답: -20 ℃

02 키가 x cm인 사람에게 적당한 의자의 높이는 $0.25x$ cm이고, 책상의 높이는 $0.4x$ cm라고 할 때, 키가 140 cm인 사람에게 적당한 의자와 책상의 높이를 각각 구하세요.

03 어떤 로봇이 x시간 동안 $(18.5x+5.6)$ km만큼 이동합니다. 이 로봇이 2시간 동안 이동한 거리를 구하세요.

04 지면에서부터 높이가 x km인 곳의 기온이 $(18-6x)$ ℃라고 합니다. 지면에서부터 높이가 $\dfrac{4}{3}$ km인 곳의 기온을 구하세요.

05 한 권에 x원짜리 책을 5권 사면 2000원 할인을 받아 $(5x-2000)$원에 살 수 있습니다. 15000원짜리 책을 5권 샀을 때 얼마에 살 수 있는지 구하세요.

06 키가 x cm인 사람의 표준 체중은 $0.9(x-100)$ kg입니다. 키가 145 cm인 사람의 표준 체중을 구하세요.

단원 마무리

01 다음 중 기호를 생략하여 쓸 수 없는 것은?

① $a+b$　　　　② $a \times b$

③ $a \times a$　　　　④ $a \div \dfrac{1}{5}$

⑤ $2 \times a$

04 곱셈 기호 ×를 생략하여 바르게 쓴 것은?

① $a \times 3 = a3$

② $b \times a = b$

③ $a \times \dfrac{2}{3} = \dfrac{2a}{3}$

④ $b \times (-3) = b-3$

⑤ $(a+b) \times 3 = a+3b$

02 다음 표를 보고 연필 x자루의 가격을 x를 사용한 식으로 간단히 나타내시오.

연필 수(자루)	2	3	4
가격(원)	1200	1800	2400

05 '어떤 수와 8의 합에 5를 곱한 수'를 문자 x를 사용하여 바르게 나타낸 것은?

① $x \times 5 + 8$　　　② $x + 8 \times 5$

③ $(x+5) \times 8$　　　④ $(x+8) \times 5$

⑤ $x \times 8 \times 5$

03 다음은 십의 자리 숫자가 a, 일의 자리 숫자가 b인 두 자리 자연수를 문자를 사용하여 나타낸 식입니다. 빈칸을 알맞게 채우시오.

$$10\square + \square$$

06 다음 중 역수 관계인 두 수를 바르게 짝지은 것은?

① 3과 -3 　　　② -1과 1

③ 2와 $\dfrac{2}{1}$ 　　　④ $\dfrac{3}{4}$과 $\dfrac{4}{3}$

⑤ $1\dfrac{1}{2}$과 $-\dfrac{2}{3}$

08 다음 곱셈식 중에서 1을 생략하여 쓸 수 <u>없는</u> 것은?

① $(-1) \times b$ 　　　② $\dfrac{1}{3} \div b$

③ $c \times \left(-\dfrac{1}{4}\right)$ 　　　④ $\dfrac{1}{100} \times d$

⑤ $a \div 1$

07 다음은 식을 간단히 하는 과정입니다. 빈칸에 들어갈 것으로 옳은 것은?

$$\dfrac{2}{3} \div \dfrac{a}{b} \times c$$

$$= \dfrac{2}{3} \times \dfrac{\boxed{①}}{\boxed{②}} \times c$$

$$= \dfrac{\boxed{③}}{\boxed{④}} \times c$$

$$= \dfrac{\boxed{⑤}}{3a}$$

① a 　　　② b 　　　③ $3b$

④ $2a$ 　　　⑤ $2bc$

09 다음 중 문자를 한 개만 사용하여 나타낼 수 <u>없는</u> 것은?

① 2만큼 차이 나는 두 수
② 서로 같은 세 수
③ 서로 다른 두 수
④ 연속하는 두 자연수
⑤ 합이 10인 두 수

10 $a = -4$일 때, 다음 식의 값을 구하시오.

$$-2a^2 + a$$

11 다음 설명 중 옳은 것은?

① 서로 관계가 있는 두 수는 한 문자를 사용해서 나타낼 수 있습니다.

② 문자는 반드시 알파벳 소문자를 써야 합니다.

③ 3×5에서 곱셈 기호 $\times$를 생략하여 35로 쓸 수 있습니다.

④ 역수 관계인 두 수의 곱은 항상 -1입니다.

⑤ 곱셈 기호 $\times$는 생략할 수 있지만, $+, -, \div$는 생략할 수 없습니다.

12 곱셈식의 결과가 나머지 식과 <u>다른</u> 하나는?

① $b \times b \times b \times (-4) \times a \times a$

② $a \times b \times a \times b \times (-4) \times a$

③ $(-1) \times b \times b \times b \times a^2 \times 4$

④ $2 \times a^2 \times b \times b \times (-2) \times b$

⑤ $(-8) \times \dfrac{1}{2} \times a \times a \times b^3$

13 다음 문장을 식으로 나타낼 때, 문자가 <u>3개</u> 필요한 것은?

① A 버스와 B 버스에 타고 있는 승객 수의 합

② 성인 1명과 어린이 2명의 박물관 입장료

③ 가로가 세로보다 긴 직사각형의 둘레

④ 밑변의 길이와 높이가 같은 삼각형의 넓이

⑤ 하루 동안 먹은 세 끼의 칼로리의 합

14 다음 중 $x \div (y \div z)$와 같은 것은?

① $(x \times y) \times z$ ② $x \times (y \div z)$

③ $(x \times z) \times y$ ④ $(x \div y) \div z$

⑤ $x \div y \times z$

15 다음 그림과 같은 사다리꼴의 넓이를 문자를 사용한 식으로 간단히 나타내시오.

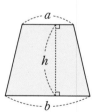

16 다음 식에서 ㉠, ㉡에 들어갈 문자를 각각 쓰시오.

$$12 \times \boxed{㉠} \times (\boxed{㉡} + c) \times (b + c) \times c = 12c^2(b+c)^2$$

17 다음을 문자를 사용한 식으로 나타내었을 때, 나머지와 <u>다른</u> 하나는?

① x원짜리 과자 y개의 가격
② 가로가 x, 세로가 y인 직사각형의 넓이
③ 시속 y km로 x시간 동안 달린 거리
④ 가로가 1, 세로가 y, 높이가 x인 직육면체의 부피
⑤ 물 x L를 y명에게 똑같이 나누어 줄 때, 한 명이 받은 물의 양

18 빈칸에 곱셈 기호 × 또는 나눗셈 기호 ÷를 알맞게 쓰시오.

$$\frac{2x}{yz} = x \,\boxed{}\, 2 \,\boxed{}\, y \,\boxed{}\, z$$

19 다음 보기 중에서 잘못된 식을 모두 찾아 기호를 쓰시오.

◀ 보기 ▶

㉠ $a \div b \times 3 = \dfrac{3a}{b}$

㉡ $10 \times (-1) \div a \times b = -\dfrac{10}{ab}$

㉢ $0.1 \times b \div a = \dfrac{0.b}{a}$

㉣ $\dfrac{b}{a} \div \dfrac{4}{3} \div \dfrac{y}{x} = \dfrac{3bx}{4ay}$

20 다음 식에서 곱셈 기호 ×를 생략하여 간단히 쓰시오.

$$0.1 \times a \times b \times b \times a \times (x+y) \times a$$

21 다음 그림과 같은 사각형 ABCD의 넓이를 문자를 사용한 식으로 간단히 나타내시오.

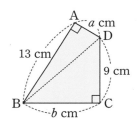

┌── 풀이 ─────────────────────────┐
│   │
│   │
│   │
│   │
└────────────────────────────────┘

22 은비가 5개에 x원인 도넛 7개를 사려고 합니다. 다음을 문자 x를 사용하여 간단히 나타내시오.

(1) 도넛 한 개의 가격

(2) 도넛 7개를 사려고 8000원을 냈을 때의 거스름돈

23 지면에서 초속 28 m로 똑바로 던져 올린 물체의 t초 후의 높이는 $(14t - 5t^2)$ m입니다.

이 물체의 2초 후의 높이를 구하시오.

┌── 풀이 ─────────────────────────┐
│   │
│   │
│   │
│   │
│   │
└────────────────────────────────┘

어느 상황에 어떤 문자를 쓸까?

수학에서 사용하는 문자는 영어 알파벳 뿐만 아니라 그리스 문자도 사용해.

어떤 수를 나타낼 때는 x 라고 쓴다고 배웠지! 자연수 중의 어떤 수를 나타낼 때는

n 을 사용하기도 해. 그 밖에도 각도는 θ, 원주율은 π 로 사용하는 문자들이 정해져 있어.

x : 어떤 수

n : 어떤 자연수

θ : '세타'라고 읽고, 각도를 나타냄

π : '파이'라고 읽고, 원주율을 나타냄

 아래 그림에 숨겨진
문자가 몇 개인지 찾아봐!

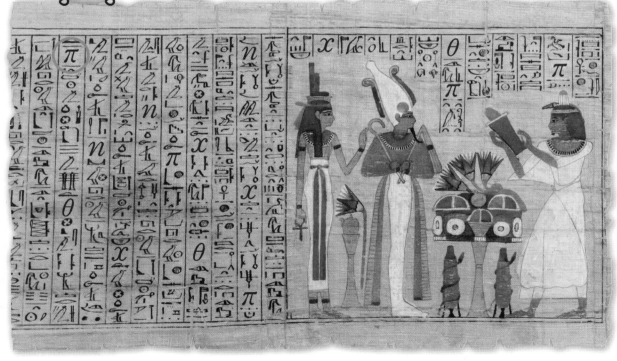

n : ☐ 개 x : ☐ 개 θ : ☐ 개 π : ☐ 개

<정답> n : 3개, x : 4개, θ : 3개, π : 5개

2 식의 덧셈과 뺄셈

초등

$$27$$
$$+\ 59$$

$$36$$
$$-\ 18$$

중등

$$7x+3$$
$$+\ 5x-4$$

$$5a$$
$$-\ 4a+3$$

중등에서는
식도 더하고
빼는구나!

우선 식이 무엇인지 알아야겠지?

그리고 식 중에서도 어떤 식을 더하고, 뺄 수 있는지 살펴볼 거야.

그런데, 여기에는 처음 나오는 용어들이 많이 있어.

모든 용어를 하나하나 잘 풀어두었으니까

차근차근 따라오기만 하면 될 거야.

그럼 지금부터 시작!

1 식

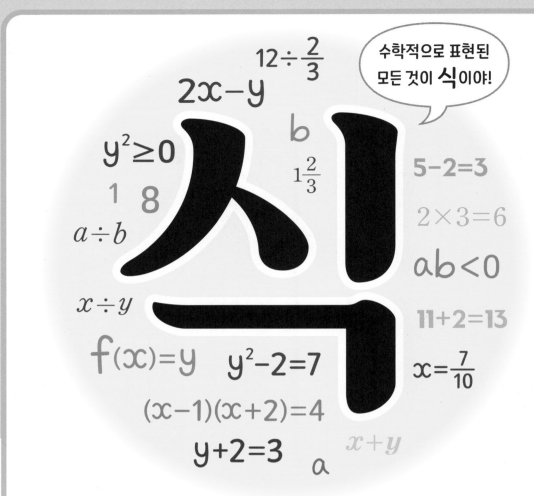

수학적으로 표현된 모든 것이 **식**이야!

$12 \div \frac{2}{3}$

$2x-y$

$y^2 \geq 0$

1 8

$a \div b$

b

$1\frac{2}{3}$

$5-2=3$

$2 \times 3 = 6$

$ab < 0$

$x \div y$

$11+2=13$

$f(x)=y$ $y^2-2=7$

$x=\frac{7}{10}$

$(x-1)(x+2)=4$

$y+2=3$

a

$x+y$

숫자만 달랑 있어도 식! 등호가 있어도, 없어도 식!

100 $a+b$

▶ 개념 익히기 1

다음 중 식을 찾아 모두 ○표 하세요.

01

5×3	(○)
$15 = 5 \times 3$	(○)
5 곱하기 3	( )

02

$5+3$	( )
5보다 3 큰 수	( )
8	( )

03

b보다 3 작은 수	( )
$b-3$	( )
$100 < b-3$	( )

등식

2+3=5

등호가 있는 식

등식과 부등식을 제외한 **식**

부등식

ab<0

부등호가 있는 식

식도 수처럼 **+ , − , × , ÷** 를 계산할 수 있어~
등식과 부등식을 제외한 식의 계산부터 시작해 보자!

식끼리 **더하기**	식끼리 **빼기**	식끼리 **곱하기**	식끼리 **나누기**
$a+2a$	$2a-1$	$x^2 \times a$	$1 \div x^2$

▶ 개념 익히기 2

해당되는 것에 모두 V표 하세요.

01

$13x-1=7$

- 식 ☑
- 등식 ☑
- 부등식 ☐

02

$2-3a$

- 식 ☐
- 등식 ☐
- 부등식 ☐

03

$4x<4+3y$

- 식 ☐
- 등식 ☐
- 부등식 ☐

2 −를 ＋로, ÷를 ×로

⊕ ⊖ ⊗ ÷   ⊕ ⊗

4가지 계산을 2가지로 줄일 수 있어!

⊖를 ⊕로 바꾸는 방법

$$5 - 2$$
$$= 5 + (-2)$$

빼기는?
＋(음수)
로 바꿀 수 있지!

$$a - b$$
$$= a + (-b)$$

÷를 ⊗로 바꾸는 방법

$$5 \div 2$$
$$= 5 \times \frac{1}{2}$$

나누기는?
×(역수)
로 바꿀 수 있지!

$$a \div b$$
$$= a \times \frac{1}{b}$$

▶ **개념 익히기 1**

빈칸을 알맞게 채우세요.

01

$$2x - y$$
$$= 2x + (\bigcirc\, y)$$

02

$$y^2 \div x$$
$$= y^2 \bigcirc \frac{\square}{x}$$

03

$$-4y - y$$
$$= -4y + (\bigcirc\square)$$

▶ 정답 및 해설 21쪽

계산은 ➕, ✖️ 만 생각하면 되겠네!

➕의 의미

하나 의 크기가 같은 것을
모두 세는 것!

$$2 + 3$$

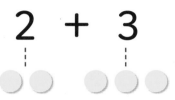

만약, 하나의 크기가 다른 것을
더하고 싶다면?

하나의 크기를 같게 해서 더하기!

예 (1시간) + (1분) = (61분)
   ~~60분~~

✖️의 의미

같은 수를 여러 번
더한 것!

$$2 \times 3$$ 2+2+2

비슷해 보여도 다른 거야~

$$a + 2 \qquad 2a$$

a에 2가 더 있는 것   a가 2개 있는 것 (a+a)

▶ 개념 익히기 2

의미가 같은 것끼리 선으로 이으세요.

01   **02**   **03**

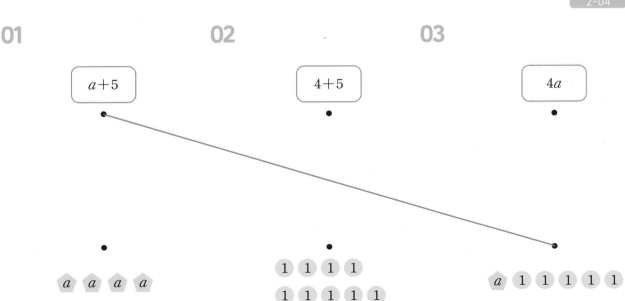

$a+5$ $4+5$ $4a$

▶ 개념 다지기 1

뺄셈은 덧셈으로, 나눗셈은 곱셈으로 바꾸어 나타내세요.

01 $3x - 3$

$$= 3x + (-3)$$

02 $x \div \dfrac{1}{3}$

03 $8 + 2a - 2a^2$

04 $\dfrac{1}{x} \div 5$

05 $10 - \dfrac{1}{2}y - xy$

06 $4y \div \left(-\dfrac{3}{y} \right) \times 9$

▶ 개념 다지기 2

빈칸을 알맞게 채우세요.

01 $5a = a + a + a + a + \boxed{a}$

02 $\boxed{} b = b + b + b$

03 $6c$는 c가 $\boxed{}$개 있는 것

04 $7d$

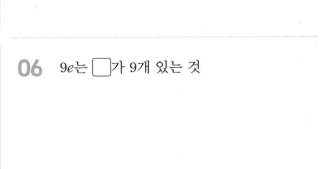

05 $\boxed{} f$

06 $9e$는 $\boxed{}$가 9개 있는 것

▶ 개념 마무리 1

계산할 수 있는 것은 계산하고, 계산할 수 없다면 ✕표 하세요.

01 (3시간)+(3분)=183분

(5 g)−(20 %) ✕

02 (6 cm)+(6 cm²)

(6시간)+(1일)

03 (20 L)−(10개)

(6 ℃)−(3 g)

04 (1 m)+(40 cm)

(1 kg)+(100포기)

05 (500 g)−$\left(\dfrac{1}{2}\text{ kg}\right)$

(10 cm²)−(2 m³)

06 (32초)−(9명)

(1타)−(2자루)

▶정답 및 해설 22쪽

▶ 개념 마무리 2

의미가 같은 것끼리 선으로 이으세요.

01    $a-2b$ •————————————• $a+a+a+a+a+a$

02   a가 2개, 1이 4개   •   • $a+(-2b)$

03    $a+a+a+a$ •   • $2a$

04   a a •   • $2a+4$

05    $6a$ •   • $4a$

06   a에 4가 더 있는 것   •   • $a+4$

3 식의 덧셈

더하기란?
하나의 크기가 같은 것을 모두 세는 것!

$$\frac{2}{7} + \frac{3}{7} = \frac{5}{7}$$

$\frac{1}{7}$이 2개 $\frac{1}{7}$이 3개

$\frac{1}{7}$이 5개

$$(-1) + (-2) = (-3)$$

-1이 1개 -1이 2개

-1이 3개

식끼리 더하기도,
하나의 크기가 같은 것을 모두 세는 것

$$2a \quad + \quad 3a$$

$2 \times a$
$=$
$a \times 2$

뜻 a가 2개 있다.

$3 \times a$
$=$
$a \times 3$

뜻 a가 3개 있다.

➡ $2a + 3a = 5a$

▶ 개념 익히기 1

빈칸에 알맞은 수를 쓰세요.

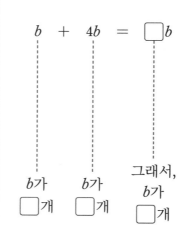

01

$$4a \quad + \quad 2a \quad = \quad \boxed{6}a$$

a가
$\boxed{4}$개

a가
$\boxed{2}$개

그래서,
a가
$\boxed{6}$개

02

$$b \quad + \quad 4b \quad = \quad \boxed{}b$$

b가
$\boxed{}$개

b가
$\boxed{}$개

그래서,
b가
$\boxed{}$개

03

$$5c \quad + \quad 3c \quad = \quad \boxed{}c$$

c가
$\boxed{}$개

c가
$\boxed{}$개

그래서,
c가
$\boxed{}$개

그래서,

같은 종류끼리만 덧셈을 할 수 있어!

$$7+2x$$

1이　x가

7개　2개

1과 x는 다른 종류!
그래서 계산은 못 해~

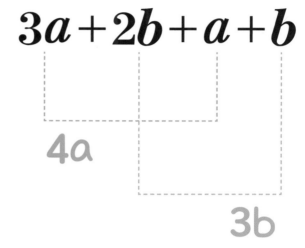

$$3a+2b+a+b$$

4a

3b

$$=4a+3b$$

▶ 개념 익히기 2

식에서 더할 수 있는 것끼리 선으로 연결하세요.

2-10

01

$$4a + 2b + 2 + a$$

02

$$14 + x + 2x + 4y$$

03

$$3a + 6c + 9b + 12c$$

▶ 개념 다지기 1

더할 수 있는 것끼리 연결하세요.

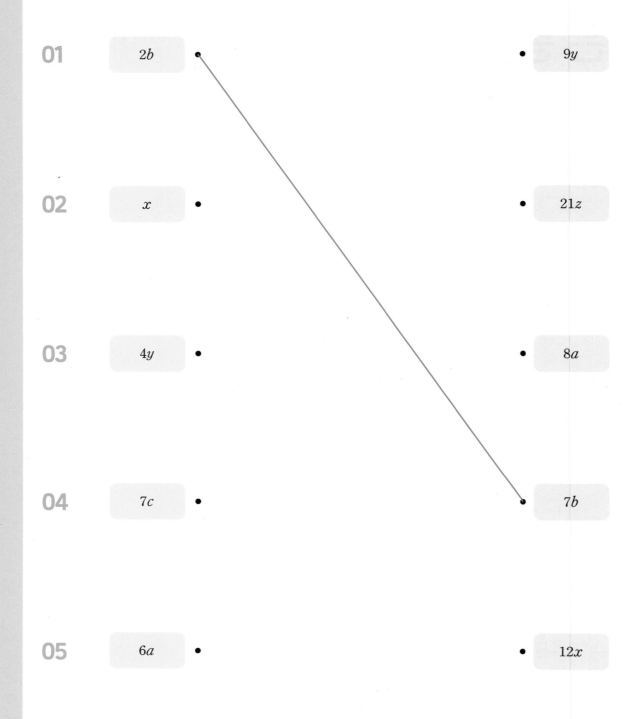

01 $2b$

02 x

03 $4y$

04 $7c$

05 $6a$

06 $5z$

$9y$

$21z$

$8a$

$7b$

$12x$

$30c$

▶ 개념 다지기 2

다음을 계산하여 간단히 하세요.

01 $5x+2x=7x$

02 $6y+2y$

03 $3a+a$

04 $10c+7c$

05 $8z+5z$

06 $2b+12b$

▶ 개념 마무리 1

더할 수 있는 것끼리 계산하여 식을 간단히 하세요.

01 $a + 5b + 8a + 2b$

$$= 9a + 7b$$

02 $x + 2x + y$

03 $9y + 2a + 11y$

04 $3y + 1 + y + 3$

05 $2z + 6x + z + 3y + 7x$

06 $11 + 5a + 6c + b + 2b + a$

▶ 개념 마무리 2

빈칸을 알맞게 채우세요.

01 $9y + 5z + y + \boxed{2}z$
    $= \boxed{10}y + 7z$

02 $6x + \boxed{}x$
    $= 15x$

03 $30\boxed{} + 3z = 33z$

04 $9a + 5b + \boxed{}a + \boxed{}b$
    $= 11a + 9b$

05 $x + 3y + 7x + \boxed{}y$
    $= 8\boxed{} + 10y$

06 $a + \boxed{}b + 6a + 8c$
    $= \boxed{}a + 9b + \boxed{}c$

4 동류항과 차수 (1)

★ $a + a^2 + a^3$은 계산할 수 있을까?

이만큼의 **길이**가 a

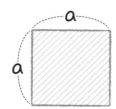
이만큼의 **넓이**가 a^2

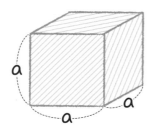
이만큼의 **부피**가 a^3

길이, 넓이, 부피는 종류가 다르니까~

 $a + a^2 + a^3$

동 류 항
같다   종류   항목

덧셈을 계산할 수 있는
같은 종류인 것을 말해~

a, a^2, a^3은
동류항이 아니라서
계산할 수 없는 거야!

▶ 개념 익히기 1

다음 중 옳은 것에 ○표, 틀린 것에 ×표 하세요.

01

동류항끼리는 덧셈을 할 수 있습니다. (○)

02

b와 $2b$는 동류항입니다. (   )

03

$x + x^3 + x^2 = x^6$ (   )

동류항이 되려면?

① **문자의 종류가 같고,** ② **문자가 곱해진 횟수도 같아야 해!**

차수

라고 불러~

> 여기서 차는,
> 횟수, ~번의 의미로
> '2차전, 3차전'과 같이 쓰여!

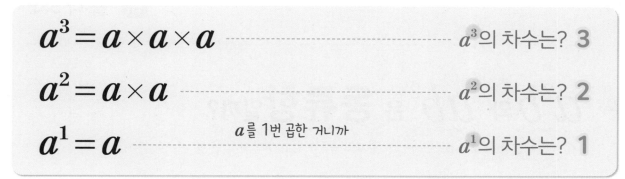

$a^3 = a \times a \times a$ ─────────── a^3의 차수는? **3**

$a^2 = a \times a$ ─────────── a^2의 차수는? **2**

$a^1 = a$ ── a를 1번 곱한 거니까 ── a^1의 차수는? **1**

예 $-\dfrac{1}{2}x^2$ $5x^2$ $5x$ $5y$

─── 동류항! ───   동류항 아님!   동류항 아님!

> 문자는 같은 종류지만
> **차수가 달라서~**

> 차수는 같지만
> **문자 종류가 달라서~**

▶ 개념 익히기 2

다음 식의 차수를 쓰세요.

01

$-7a^2$

2

02

$\dfrac{1}{3}x$

03

$4z^3$

문제 1 a^2b 와 ab^2 의 **차수**는?

<u>문자가 곱해진 횟수!</u>

a × a × b   a × b × b   ➡ 문자는 모두 **3번** 곱해진 것!

a가 2번, b가 1번 a가 1번, b가 2번

답 둘 다 3차

문제 2 a^2b 와 ab^2 은 **동류항**일까?

문자는 둘 다 a와 b   문자의 종류가 같고, 차수가 같은 항

아니야!

▶ 개념 익히기 1

주어진 식에 대한 설명입니다. 빈칸을 알맞게 채우세요.

01

$2xyz$

• $2 \times x \times \boxed{y} \times \boxed{z}$

• 문자가 모두 $\boxed{3}$ 번 곱해짐

• 차수는 $\boxed{3}$

02

xy

• $\boxed{} \times \boxed{}$

• 문자가 모두 $\boxed{}$ 번 곱해짐

• 차수는 $\boxed{}$

03

$\dfrac{1}{5}a^2b^2$

• $\dfrac{1}{5} \times a \times a \times \boxed{} \times \boxed{}$

• 문자가 모두 $\boxed{}$ 번 곱해짐

• 차수는 $\boxed{}$

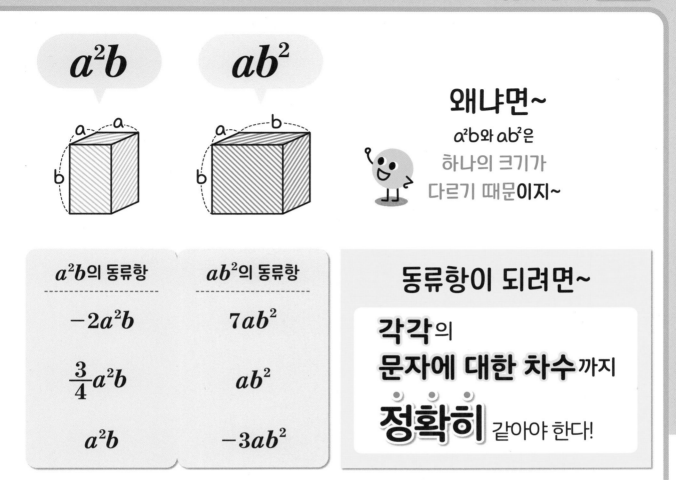

a^2b

ab^2

왜냐면~
a^2b와 ab^2은
하나의 크기가
다르기 때문이지~

a^2b의 동류항	ab^2의 동류항
$-2a^2b$	$7ab^2$
$\dfrac{3}{4}a^2b$	ab^2
a^2b	$-3ab^2$

동류항이 되려면~

각각의
문자에 대한 차수까지
정확히 같아야 한다!

* 문자가 아예 없는 수면, 수끼리 동류항! 예 2와 -7은 동류항

▶ 개념 익히기 2

동류항끼리 선으로 이으세요.

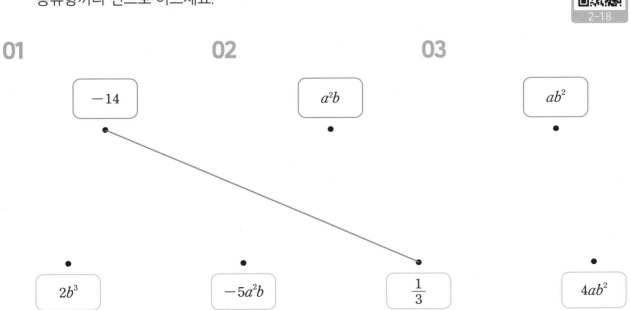

01

02

03

-14

a^2b

ab^2

$2b^3$

$-5a^2b$

$\dfrac{1}{3}$

$4ab^2$

▶ 개념 다지기 1

동류항이 되도록 빈칸을 알맞게 채우세요.

$$\frac{1}{4}x^3y \qquad 3x^{③}y^{①}$$

$$-3a^{\square} \qquad 3a^3$$

$$5a^{\square} \qquad -a^2$$

$$10a^2b^3c^2 \qquad -a^{\square}b^{\square}c^{\square}$$

$$\frac{2}{3}x^4z \qquad \frac{3}{2}x^{\square}z$$

$$-x^2y^{\square} \qquad 2x^{\square}y^3$$

▶ 개념 다지기 2

주어진 식과 동류항인 것을 찾아 ○표 하세요.

01

-4

| x^4 | $-4a$ | $\dfrac{1}{5}$ |

02

$\dfrac{1}{2}x^3$

| $\dfrac{1}{7}x^3$ | $\dfrac{1}{5}x^2$ | $\dfrac{1}{2}x$ |

03

$7b$

| b^7 | $6b$ | $7b^2$ |

04

$-5ab$

| $2bc$ | $5a^2b$ | ab |

05

$3xy^2$

| x^2y | $\dfrac{1}{3}ab^2$ | $8xy^2$ | $3ay^2$ |

06

x^3y^4

| $2x^4y^3$ | $-99x^3y^4$ | $23a^3b^4$ | 2^3y^4 |

▶ 정답 및 해설 25쪽

▶ 개념 마무리 1

물음에 알맞은 식을 보기에서 찾아 기호를 쓰세요.

┤ 보기 ├

⊙ $3b$ ⊙ a^3 ⊙ $-11a^4$ ⊜ 3

⊙ $-3abc$ ⊕ ab^2 ⊗ abc ⊚ $\frac{1}{2}a^2b^2$

01

차수가 3인 것은?   ⊙,

02

a가 2번만 곱해진 것은?

03

b가 1번만 곱해진 것은?

04

문자 a와 b가 곱해져 있는 것은?

05

a^2b^2과 동류항인 것은?

06

더하기와 빼기를 계산할 수 있는 것끼리 짝 지어 쓰세요.

▶ 개념 마무리 2

다음 중 옳은 것에 ○표, 틀린 것에 ✕표 하세요.

01

문자가 곱해진 횟수를 차수라고 합니다. (○)

02

$4x^2$의 차수는 4입니다. ( )

03

$2a$는 $2a^1$과 같습니다. ( )

04

문자의 종류만 같으면 동류항입니다. ( )

05

동류항끼리는 덧셈을 할 수 있습니다. ( )

06

문자의 종류가 같고 차수가 같아도 각 문자에 대한 차수가 다르면 동류항이 아닙니다. ( )

6 계수

동류항끼리의 계산

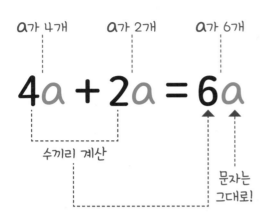

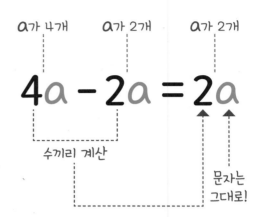

동류항끼리의 +, −는~ 문자 앞의 **수끼리 계산** 하고,
문자는 그대로!

▶ **개념 익히기 1**

계산해 보세요.

01

$11x - 7x = 4x$

02

$29b - 24b$

03

$4m + 4m$

▶정답 및 해설 26쪽

문자 **앞**에 있고 문자와 곱해진 수 ➡ **계수**

이어 묶다, 엮다라는 뜻

$x+x+x+x+x=5x$

x를 이어서 묶은 수!
x의 계수는 5

예 $3y$에서 y의 계수는?　**3**

　$= 3 \times y$

$1-2a^2$에서 a^2의 계수는?　**-2**

　$= 1 - 2 \times a^2$

$\dfrac{1}{3}ab$에서 ab의 계수는?　**$\dfrac{1}{3}$**

　$= \dfrac{1}{3} \times ab$

동류항끼리 계산할 때는~

$$4a+2a=(4+2)a$$
$$4a-2a=(4-2)a$$

계수끼리 계산~
문자는 그대로!

▶ **개념 익히기 2**

물음에 답하세요.

01

　$8xy$에서 xy의 계수는?　8

02

　$-3y^3$에서 y^3의 계수는?

03

　$12a^2b$에서 a^2b의 계수는?

▶ 개념 다지기 1

주어진 식에서 **계수**에는 ○표, **차수**에는 □표 하세요.

$$-12x^4$$

$$\frac{1}{4}a^3$$

$$-1.5a^2$$

$$19999a^{20000}$$

$$-500a^7$$

▶ 개념 다지기 2

빈칸을 알맞게 채워서 계산하세요.

01 $\dfrac{3}{4}a - \dfrac{1}{2}a$

$= \left(\boxed{\dfrac{3}{4}} - \boxed{\dfrac{1}{2}} \right)a$

$= \boxed{\dfrac{1}{4}}a$

02 $-2b + 17b$

$= \left(\boxed{} + \boxed{} \right)b$

$= \boxed{}b$

03 $x + \dfrac{1}{2}x$

$= \left(\boxed{} + \boxed{} \right)x$

$= \boxed{}x$

04 $-2.5y - 1.5y$

$= \left(\boxed{} - \boxed{} \right)y$

$= \boxed{}y$

05 $\dfrac{3}{2}ab - \dfrac{2}{3}ab$

$= \left(\boxed{} - \boxed{} \right)ab$

$=$

06 $5x^2y - \dfrac{1}{5}x^2y$

$= \left(\boxed{} - \boxed{} \right)x^2y$

$=$

▶ 개념 마무리 1

주어진 식을 보고 물음에 답하세요.

01

$$5a^2 - \frac{7}{4}a$$

a의 계수는? $-\dfrac{7}{4}$

a^2의 계수는? 5

02

$$-50ab + 2c$$

ab의 계수는?

c의 계수는?

03

$$2a^3 - b^3$$

a^3의 계수는?

b^3의 계수는?

04

$$-x^4 - 6x^3 + y^3$$

x^4의 계수는?

y^3의 계수는?

05

$$-50x^2 - 10y + 10x$$

x의 계수는?

x^2의 계수는?

06

$$-4x^2 + 8y^2 + 9z^2$$

y^2의 계수는?

z^2의 계수는?

▶정답 및 해설 27쪽

▶ 개념 마무리 2

다음을 계산하여 간단히 나타내세요.

01 $\frac{3}{4}xy + 5x - \frac{1}{2}xy$

$= \frac{1}{4}xy + 5x$

02 $3a - 12a + 5b$

03 $-x^2 + 3x + 6x^2 + 4x$

04 $-2a^2 + ab + \frac{3}{2}a^2$

05 $\frac{1}{3}x + 5y^2 - \frac{4}{3}y - 6y^2$

06 $\frac{1}{9}a + 4bc - ac + 7bc + 0.5ac$

7 항

계수 차수 계수 차수 계수 차수

$$1a^2 + 3a^2 - 2a^1 + 4$$

문자의 종류와
차수가 같은 것은
동류항!

수만 달랑 있는 것이
상수항!
항상 수인 항목

이건 문자와
곱한 게 아니라서
차수도, 계수도
없네!?

−2a의 값은?	문자가 있으면	문자와 곱해져 있지 않으면
a = 1이면 −2	문자의 값에 따라	그 값이 고정돼 있어!
a = 2이면 −4	값이 달라지지!	그래서 **상수항**이라고 불러~
⋮		

▶ **개념 익히기 1**

다음 식에서 상수항을 찾아 ○표 하세요.

01

$$8a^3 + \frac{7}{4}a^3 \bigcirc{-6} - 10a$$

02

$$\frac{5}{7} + 5a^4 - 6a$$

03

$$3a^2 - a - 2$$

▶정답 및 해설 27쪽

동류**항**, 상수**항**, … 도대체 **항**이 뭐야?

식을 ＋와 －
기준으로 자르면
항을 쉽게
찾을 수 있지!

항이란?

항목이라는 뜻으로,
식을 이루는
각각의 덩어리를
'항'이라고 해~

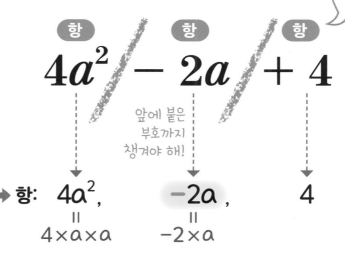

항   항   항

$$4a^2 \,/\, - 2a \,/\, + 4$$

앞에 붙은
부호까지
챙겨야 해!

➡ 항: $4a^2$, $-2a$, 4

$\parallel$ $\parallel$

$4 \times a \times a$ $-2 \times a$

항 : 문자나 수의 **곱**으로 이루어진 식

▶ **개념 익히기 2**

다음 식에서 ＋, － 앞에 /를 표시하고, 항이 몇 개인지 쓰세요.

01

$$7a^2 \,/\, - 4a \,/\, + 1$$

➡ **3개**

02

$$x^2 - 21$$

➡

03

$$-a^3 + 5a^2 - 88a + 31$$

➡

▶ 개념 다지기 1

주어진 식의 항을 모두 쓰세요.

01 $150 + 10a$

➡ **150, 10a**

02 $4a + 14 - a^2$

➡

03 $2x^2 - 5x + 19$

➡

04 $xy - 100$

➡

05 $\dfrac{4}{3}y + 9x - z + 1$

➡

06 $9a^4 + a^3 + 3a + ab$

➡

▶ 개념 다지기 2

곱셈 기호 ×를 생략하여 간단히 나타내고, 식의 항을 모두 쓰세요.

01 $2 \times a + 5 \times b - 7$

$= \underline{2a + 5b - 7}$

➡ $2a, 5b, -7$

02 $7 \times x \times x - 6$

$= \underline{\hspace{5cm}}$

➡

03 $-a^2 + 10 \times a - 3$

$= \underline{\hspace{5cm}}$

➡

04 $2 - a \times b \times c$

$= \underline{\hspace{5cm}}$

➡

05 $4 \times x \times x + 4x - 1$

$= \underline{\hspace{5cm}}$

➡

06 $a \times a - 10 \times a - 5 \times 5$

$= \underline{\hspace{5cm}}$

➡

▶정답 및 해설 28쪽

▶ 개념 마무리 1

주어진 식을 계산하여 간단히 나타내고, 간단히 나타낸 식에서 항의 개수를 쓰세요.

01 $2a-8+6a+8b$

$= \underline{8a + 8b - 8}$

➡ 항의 개수: **3개**

02 $2x^2-2x^2+5x+3$

$= \underline{\hspace{5cm}}$

➡ 항의 개수:

03 $a+2a+3-6$

$= \underline{\hspace{5cm}}$

➡ 항의 개수:

04 $5a^2+11a-20-a$

$= \underline{\hspace{5cm}}$

➡ 항의 개수:

05 $4x^2-12+4-20x^2$

$= \underline{\hspace{5cm}}$

➡ 항의 개수:

06 $\frac{1}{2}a^2-5a+a^3-18a+9$

$= \underline{\hspace{5cm}}$

➡ 항의 개수:

▶정답 및 해설 28쪽

▶ 개념 마무리 2

주어진 식을 보고 물음에 알맞은 항을 찾아 쓰세요.

01

$$7x^2 - 4x + 1$$

(1) 계수가 7인 항 $7x^2$

(2) 상수항

(3) 차수가 1인 항

02

$$-a + 3 + a^2 - 3a^3$$

(1) 상수항

(2) 차수가 2인 항

(3) 계수가 -3인 항

03

$$11x - 6x^2 + 15x^3 + 50$$

(1) 상수항

(2) 계수가 음수인 항

(3) 차수가 가장 큰 항

04

$$-2a + a^4 + 2a^3 - 2$$

(1) 차수가 1인 항

(2) 상수항

(3) 계수가 2인 항

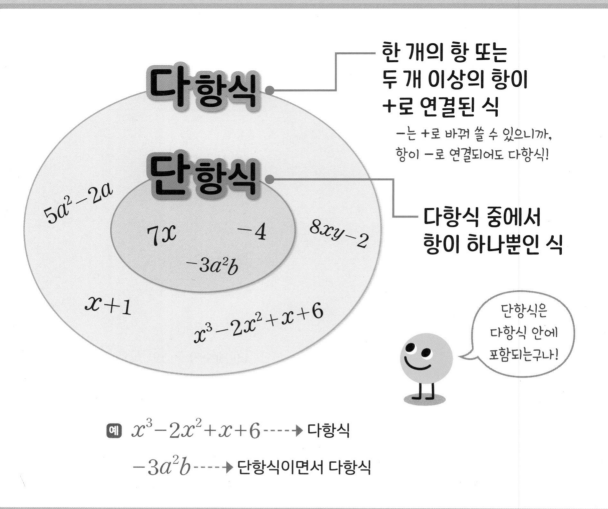

다항식 — 한 개의 항 또는 두 개 이상의 항이 +로 연결된 식

─는 +로 바꿔 쓸 수 있으니까, 항이 ─로 연결되어도 다항식!

단항식 — 다항식 중에서 항이 하나뿐인 식

$5a^2-2a$

$7x$ -4 $8xy-2$

$-3a^2b$

$x+1$

x^3-2x^2+x+6

단항식은 다항식 안에 포함되는구나!

예 x^3-2x^2+x+6 ----▶ 다항식

$-3a^2b$ ----▶ 단항식이면서 다항식

▶ 개념 익히기 1

단항식에 ○표 하세요.

01

$-a+2$ (   )

a^2-4a+1 (   )

$5ab$ (○)

02

$5-x$ (   )

$5x$ (   )

$x^5-\dfrac{1}{3}x$ (   )

03

$4x^3y$ (   )

$4x^3+y$ (   )

$4+x^3y$ (   )

다항식은 **동류항끼리 계산**을 해서 간단히 써~

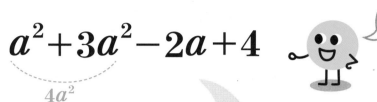

$$a^2+3a^2-2a+4$$

$$4a^2$$

식을 정리하는 방법은 두 가지가 있지~

$$= 4a^2-2a+4$$

2차항
1차항
상수항

다항식을 정리할 때,
차수가 높은 항부터 쓰는 것을
내림차순으로 정리한다고 해!

$$= 4-2a+4a^2$$

2차항
1차항
상수항

차수가 낮은 항부터 쓰는 것은
오름차순으로 정리한다고 해!

▶ 개념 익히기 2

다항식을 정리한 방법으로 알맞은 것에 ○표 하세요.

01

$$6a^2+10a+1$$

내림차순 (○)

오름차순 ( )

02

$$-5+2a-4a^2$$

내림차순 ( )

오름차순 ( )

03

$$9x^3-9x^2+x-27$$

내림차순 ( )

오름차순 ( )

▶ 개념 다지기 1

주어진 다항식을 계산하여 간단히 나타내고, 단항식이면 '단항식', 단항식이 아니면 '다항식'이라고 쓰세요.

01 $-\dfrac{1}{3}a+8b+\dfrac{1}{3}a-6b$

$= \underline{2b}$

➡ 단항식

02 $-10x+4+7x-4$

$= \underline{\hspace{5cm}}$

➡

03 $2x^2+10x^3-10x-2x^2$

$= \underline{\hspace{5cm}}$

➡

04 $\dfrac{1}{2}xy+\dfrac{1}{2}x-y+2y$

$= \underline{\hspace{5cm}}$

➡

05 $4a \times a+\dfrac{1}{5}a-4a^2$

$= \underline{\hspace{5cm}}$

➡

06 $-3a+7a \times 5b-25b$

$= \underline{\hspace{5cm}}$

➡

▶ 개념 다지기 2

주어진 항을 모두 이용하여 다항식을 만들고, 조건에 맞게 정리하세요.

01 내림차순

항: $6a^3$, $10a^2$, -30, $-a$

➡ $6a^3 + 10a^2 - a - 30$

02 내림차순

항: 2, $-3x^2$, x^4, x^3

➡ x^4

03 오름차순

항: $12a^2$, -72, $-9a$

➡ -72

04 오름차순

항: $4x$, -52, $6x^2$

➡

05 내림차순

항: $19b$, -15, $3b^3$, $-b^4$

➡

06 오름차순

항: 34, $-x$, $2x^2$, $-18x^3$

➡

▶ 정답 및 해설 30쪽

2-39

▶ 개념 마무리 1

주어진 조건에 따라 다항식을 간단하게 정리해 보세요.

01   내림차순

$$4x + \underbrace{20x^2 - 4x^2}_{16x^2} - x^3$$

$$= -x^3 + 16x^2 + 4x$$

02   오름차순

$$-2y^4 + 4y^2 - \frac{1}{3}y^3 + y^2$$

03   오름차순

$$-5 + 5x + x^2 - 2x + 10$$

04   내림차순

$$a + a^3 - 20 - 4a^2 + 7a$$

05   오름차순

$$z^2 - \frac{7}{4}z^2 - \frac{1}{2}z^3 + \frac{3}{4}z^2 + 8z$$

06   내림차순

$$-12 - 4b^2 - 5b^3 + 10b^2 + 2$$

▶ 개념 마무리 2

옳은 문장이 되도록 빈칸을 알맞게 채우세요.

01

동류항끼리의 덧셈과 뺄셈은 계수끼리 계산하고, 문자는 그대로 씁니다.

02

$-6 \times a \times b$와 같이 항이 □개인 식을 □항식이라고 합니다.

03

문자와 곱해진 수를 □라고 합니다.

04

$1234a^4$에서 a^4의 계수는 □이고, 차수는 □입니다.

05

다항식을 정리할 때 차수가 높은 항부터 쓰는 것을 □차순,
차수가 낮은 항부터 쓰는 것을 □차순이라고 합니다.

06

다항식 $a^2 + 2a^3 - 3a - 12$에서 항은 □개이고, 상수항은 □입니다.

9 식의 분류

★ 식은 여러 가지 방법으로 분류할 수 있어!

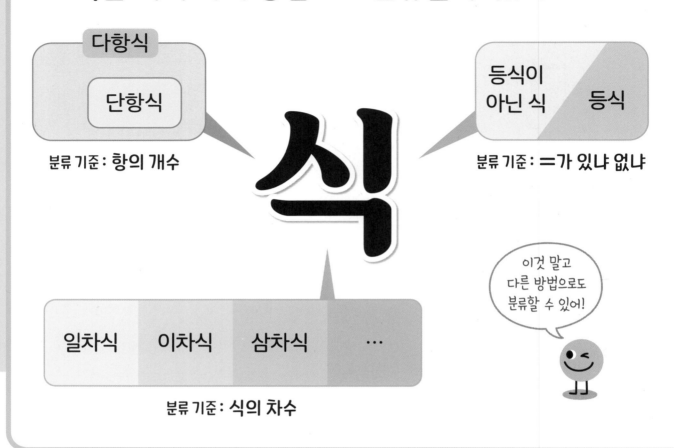

다항식
단항식
분류 기준 : 항의 개수

식

등식이
아닌 식   등식
분류 기준 : ＝가 있냐 없냐

일차식   이차식   삼차식   …
분류 기준 : 식의 차수

이것 말고
다른 방법으로도
분류할 수 있어!

▶ **개념 익히기 1**

주어진 조건에 알맞은 식에 모두 V표 하세요.

01

| 단항식 |

$2xy$ ☑

$100x^2y$ ☑

$-21+a$ ☐

02

| 등식 |

$10=10$ ☐

$9x-7$ ☐

$x^2=0$ ☐

03

| 다항식 |

$8-11b$ ☐

$32 \times a^3$ ☐

$-5x+4y+3$ ☐

식의 차수는 가장 높은 항의 차수!

$$2x^3 - 5x + 4 \text{의 차수는 } 3\text{차}$$

3차　　　1차　　　상수항은 **0차**

> 몇 차식인지 안다는 것은 식의 대장을 안다는 거지!

- **3차식:** 대장이 **3차** (0차, 1차, 2차는 있어도 되고, 없어도 되고~)
- **2차식:** 대장이 **2차** (0차, 1차는 있어도 되고, 없어도 되고~)
- **1차식:** 대장이 **1차** (0차는 있어도 되고, 없어도 되고~)

일차식의 예
$-\dfrac{1}{2}x + 3, \quad 4a, \quad \dfrac{y}{7} - 9$

일차식 아님!

a를 곱한 게 아니라 a로 **나눈** 거지. 차수는 문자를 **곱한** 횟수니까,

$$\frac{2}{a} = 2 \div a$$

분모에 있는 문자는 차수를 세지 않아!

▶ **개념 익히기 2**

다음 식에서 각 항의 차수를 빈칸에 쓰세요.

01

$$4x^4 - 3x^3 + 12x^2 - 10$$

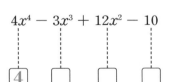

02

$$-10a^2 + 8a - 12b$$

☐ ☐ ☐

03

$$6x^2 - 8xy + 50y^2 + 1$$

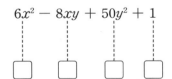

▶정답 및 해설 31쪽

▶ 개념 다지기 1

보기에서 알맞은 식을 찾아 기호를 쓰세요.

<table>
<tr><td colspan="3">◀ 보기 ▶</td></tr>
<tr><td>㉠ $12a^2$</td><td>㉡ $4a^2+10a^3$</td><td>㉢ $6x^4-3x^2+14$</td></tr>
<tr><td>㉣ $25a$</td><td>㉤ $x-1$</td><td>㉥ x^3+7</td></tr>
</table>

01 단항식

㉠, ㉣

02 다항식

03 항의 개수가 2개인 식

04 2차항이 있는 식

05 3차항이 있는 식

06 상수항이 있는 식

▶정답 및 해설 31쪽

▶ 개념 다지기 2

주어진 식을 내림차순으로 정리하고, 차수가 가장 높은 항에 ○표 하여 식의 차수를 구하세요.

01 $5x^4-5x-5x^4+5$

$=$ $\left(\boxed{-5x}\right)+5$

➡ 식의 차수: **1**

02 $a-11a^2+14a$

➡ 식의 차수:

03 $9y-9y^4+3y^4+16$

➡ 식의 차수:

04 $20-18x+5x^2-13$

➡ 식의 차수:

05 $-4a^3-0.1a^4-2.5+0.1a^4$

➡ 식의 차수:

06 $-b^2-\dfrac{5}{2}b+\dfrac{3}{2}+\dfrac{7}{2}b+2b^2$

➡ 식의 차수:

▶정답 및 해설 31쪽

2-45

▶ 개념 마무리 1

주어진 다항식에서 항을 지워 조건에 맞는 식을 만들려고 합니다. 반드시 지워야 할 항에 모두 ✕표 하세요.

01 | 일차식 |

$$\cancel{x^4} + \cancel{x^2} + 10x - 30$$

02 | 이차식 |

$$11a^3 - 22a^2$$

03 | 삼차식 |

$$1 + xy + x^3 + x^{10}$$

04 | 일차식 |

$$a + 2a^2 + 3a^3 + 4a^4$$

05 | 이차식 |

$$100x^3 + 200x^2 + x^{100}$$

06 | 삼차식 |

$$a^5 - ab - a^3 - a - a^4$$

▶ 개념 마무리 2

주어진 식의 이름을 보고 빈칸에 들어갈 수 있는 자연수를 모두 쓰세요.

01 일차식

$$25+5c^2-\boxed{?}c^2+4c$$

이 부분이
사라져야 함
→ $\boxed{?}=5$

답: 5

02 삼차식

$$6a+12b^{\boxed{?}}+3c$$

03 이차식

$$-7x^3+11x+3x^2+\boxed{?}x^3$$

04 이차식

$$9y^2-6x^{\boxed{?}}$$

05 삼차식

$$10x^3+21x^{\boxed{?}}+3$$

06 일차식

$$3y^3-6x-\boxed{?}y^3+3y$$

10 문자 x에 대한 식

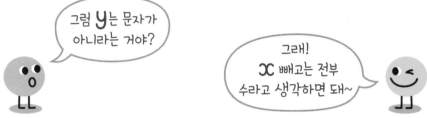

$5xy^2$은 문자 x에 대한 1차식!

→ x만 문자로 보겠다는 뜻!

> 그럼 y는 문자가 아니라는 거야?

> 그래! x 빼고는 전부 수라고 생각하면 돼~

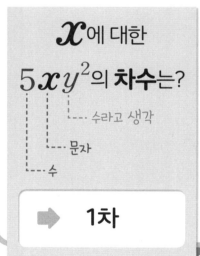

x에 대한

$5xy^2$의 **차수**는?

┈─ 수라고 생각

┈─ 문자

┈─ 수

➡ **1차**

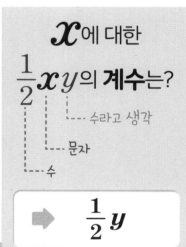

x에 대한

$\dfrac{1}{2}xy$의 **계수**는?

┈─ 수라고 생각

┈─ 문자

┈─ 수

➡ $\dfrac{1}{2}y$

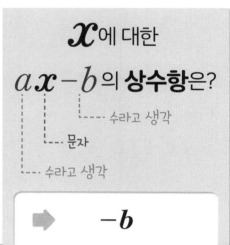

x에 대한

$ax-b$의 **상수항**은?

┈─ 수라고 생각

┈─ 문자

┈─ 수라고 생각

➡ $-b$

▶ 개념 익히기 1

x에 대한 식의 차수를 쓰세요.

01

$-4x^3y$

3

02

$6xy$

03

$-2ax^5$

x 에 대한 **일차식**의 모양은?

일단, $\boldsymbol{x}$ 항은 꼭 있어야겠지. > **일차식**이니까 상수항은 있어도 되고, 없어도 되고~ > 하지만, x^2, x^3, x^4, … 이런 항은 없어야 해!

$$a x + b$$

그러니까, a는 0이 아닌 모든 수

$b=0$이어도 괜찮아~

문자 x에 대한 식이니까 a는 x의 계수, b는 상수항이라고 생각해~

- x에 대한 **이차식** 모양: ax^2+bx+c $(a\neq0)$
- x에 대한 **삼차식** 모양: ax^3+bx^2+cx+d $(a\neq0)$
- x에 대한 **사차식** 모양: $ax^4+bx^3+cx^2+dx+e$ $(a\neq0)$

▶ **개념 익히기 2**

다항식 ax^2+bx+c에 대한 설명으로 옳은 것에 ○표, 틀린 것에 ✕표 하세요.

01

$a\neq0$이면 ax^2+bx+c는 x에 대한 이차식입니다. (○)

02

$a=0$이고, $b=0$이면 ax^2+bx+c는 x에 대한 일차식입니다. (   )

03

$a\neq0$이고, $c=0$이면 ax^2+bx+c는 x에 대한 이차식입니다. (   )

▶ 개념 다지기 1

물음에 답하세요.

01 x에 대한 $-6xy^2$의 계수는?

$$-6y^2$$

02 x에 대한 $3x^2+2x+1$의 상수항은?

03 y에 대한 $7xy$의 계수는?

04 y에 대한 $8y^2-4x$의 상수항은?

05 z에 대한 $\frac{1}{2}xyz$의 계수는?

06 x에 대한 $5x^2y^3$의 차수는?

▶ 개념 다지기 2

주어진 다항식이 x에 대한 몇 차식인지 쓰세요.

01

$$7x^3 - x^2 + 9y^4$$

삼차식

02

$$y^2 + x + 1$$

03

$$2x^2 + 3y + 9y^2$$

04

$$-8xy^2 + 6$$

05

$$6x^4 - 10xy + y^2$$

06

$$y^2 - 12x + 24$$

▶정답 및 해설 33쪽

▶ 개념 마무리 1

문자 x에 대한 식의 설명을 보고, 계수와 상수항에 대한 알맞은 조건을 쓰세요.

01 ax^2+bx+c는 x에 대한 일차식

➡ $a=0,\ b\neq0,\ c$는 모든 수

$$\underbrace{ax^2}_{\substack{\text{사라져야}\\\text{함}\\\downarrow\\a=0}} + \underbrace{bx}_{\substack{\text{꼭 있어야}\\\text{함}\\\downarrow\\b\neq0}} + \underbrace{c}_{\substack{\text{있어도 되고}\\\text{없어도 됨}\\\downarrow\\c는\ 모든\ 수}}$$

02 ax^3+bx+c는 x에 대한 일차식

➡

03 ax^2+bx+c는 x에 대한 이차식

➡

04 ax^3+bx^2+c는 x에 대한 삼차식

➡

05 ax^4+bx^2+cx+d는 x에 대한 일차식

➡

06 $ax^4+bx^3+cx^2+dx$는 x에 대한 이차식

➡

▶정답 및 해설 33~34쪽

▶ 개념 마무리 2

물음에 알맞은 식을 모두 찾아 기호를 쓰세요.

┌─◀ 보기 ▶───┐
│ ㉠ $9y+1-3x^2$ ㉡ $-3x^3+x^2+x$ ㉢ $10y^3-xy+100$ │
│ ㉣ $-xy-3y^2+\dfrac{1}{2}x^3$ ㉤ $3x^2-3x+3$ ㉥ $1-y^2-3x^2$ │
└───┘

01

x에 대한 이차식인 것은?   ㉠, ㉤, ㉥

02

x에 대한 삼차식인 것은?

03

y에 대한 이차식인 것은?

04

x에 대한 이차항의 계수가 -3인 식은?

05

x에 대한 일차항의 계수가 같은 식은?

06

y에 대한 상수항이 같은 식은?

단원 마무리

2-53

01 보기에서 식은 모두 몇 개인가?

> **◀보기▶**
>
> $a \times 3$　　$x - 2y$　　-500
>
> b　　$x^2 + 2x + 1$　　$2ab \geq 0$

① 2개　　　② 3개　　　③ 4개

④ 5개　　　⑤ 6개

02 서로 의미가 같은 것을 찾아 기호를 쓰시오.

> ㉠ $3 \times b$
>
> ㉡ $3 + 3 + 3$
>
> ㉢ b에 3이 더 있는 것
>
> ㉣ $b + b + b$

03 다음 식 중 단항식은?

① $4 \times a^2 - b$

② $a \times b \times c$

③ $x + y$

④ $2xy - 3xy + y$

⑤ $2 \times \dfrac{1}{2} + a$

04 뺄셈식을 덧셈식으로, 나눗셈식을 곱셈식으로 바르게 나타낸 것은?

① $4a - 2b = 4a + 2b$

② $x \div \dfrac{2}{y} = \dfrac{1}{x} \times \left(-\dfrac{2}{y} \right)$

③ $-30 - x^2 = 30 + (-x^2)$

④ $6a \div (-3b) = 6a \times \dfrac{1}{3b}$

⑤ $\dfrac{1}{2} \div \dfrac{b}{a} = \dfrac{1}{2} \times \dfrac{a}{b}$

05 다음 중 식의 차수가 가장 큰 것은?

① $12a^3$　　　　　② $-7ab$

③ $\dfrac{1}{100}c^4$　　　　④ $\dfrac{1}{9}x^2 y$

⑤ $34567abc$

▶정답 및 해설 35~36쪽

06 식을 분류한 것을 보고, ㉠과 ㉡에 알맞은 말을 쓰시오.

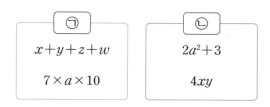

㉠	㉡
$x+y+z+w$	$2a^2+3$
$7 \times a \times 10$	$4xy$

07 식을 간단히 나타내시오.

$a+5b+3b-4a=$

08 동류항끼리 바르게 짝 지은 것은?

① $\dfrac{a}{9}$, $-2a$
② $-x^2$, $-xy$
③ $-abcd$, $a^2b^2c^2d^2$
④ $3z$, z^3
⑤ 30, $30x$

09 다음 식 중에서 x에 대한 일차항의 계수가 -2인 것은?

① $-2x^2+4x$
② $-2a-3a^2$
③ x^3-2x
④ $-2xy-2y$
⑤ $6x^4-2x^3$

10 다음 중 식을 간단히 한 것으로 옳은 것은?

① $-5a+12a=-7a$
② $2b-\dfrac{1}{2}b=-b$
③ $6c+(-10b)=-4c$
④ $-xy+0.2xy=-0.8xy$
⑤ $-3y^2+10y^2=-13y^2$

11 $ax+by+3x+y$를 간단히 나타내었더니 $7x+5y$가 되었습니다. a, b의 값을 구하시오.

12 주어진 식이 $\dfrac{5}{2}a^2b^4c^3$과 동류항이 되도록 빈칸을 알맞게 채우시오.

$$-10 \times \boxed{}^3 \times a^{\boxed{}} \times \boxed{}^4$$

13 다음 설명 중 옳지 <u>않은</u> 것은?

① 두 식 $2x$, $2a^2$의 계수는 같습니다.

② 식 $abcdef$의 차수는 6입니다.

③ $\dfrac{5}{4}$와 -11은 동류항입니다.

④ $x^3 \div 3 \div 6$은 단항식입니다.

⑤ x, x^2, x^3은 모두 동류항입니다.

14 다음 식을 간단히 하시오.

$$\frac{5}{4}x^2 + \frac{1}{4}x - x^2y + 2x^2 - \frac{3}{4}x$$

15 다항식 $-2x^3 - 3x^4 + 3x^2 + 2x$에서 각 항의 계수가 가장 작은 항의 차수를 쓰시오.

▶정답 및 해설 37~39쪽

16 $a^4 - \dfrac{9}{2}a^2 + \dfrac{5}{4}a - 100$ 에 대한 설명으로 옳지 <u>않은</u> 것은?

① 항은 모두 4개입니다.
② 차수가 3인 항은 없습니다.
③ 상수항은 100입니다.
④ 차수가 1인 항은 $\dfrac{5}{4}a$입니다.
⑤ 차수가 가장 큰 항의 계수는 1입니다.

17 다음 식을 간단히 하고, 내림차순으로 정리하시오.

$$x^3 - 2x^2 + \dfrac{3}{4}x^3 - 12x + 10x^2$$

18 다음 중 식의 차수가 높은 순서대로 기호를 쓰시오.

㉠ $5x^4 + x^2y - 4x^3y^2$
㉡ $-a^2 - 6ab + 10b^2 + 66$
㉢ $11x^3 + 10xy^2 - 1.2yz$
㉣ $\dfrac{5}{4}b^3 - 4bc^2 + \dfrac{5}{4}c^4$

19 다음에서 설명하는 단항식을 구하시오.

- 사용된 문자는 x, y입니다.
- 식의 차수는 4입니다.
- y에 대한 식의 차수는 2입니다.
- 계수는 -1입니다.

20 주어진 식으로 사다리타기를 할 때, 지나가는 곳에 있는 식을 더하며 이동합니다. 일차식에서 출발했을 때 도착하는 곳의 기호를 쓰고, 식을 간단히 나타내시오.

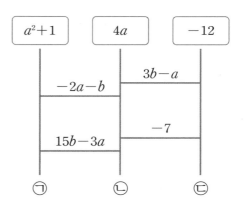

서술형 문제

21 주어진 식에 대하여 물음에 답하시오.

$$3b^2+\frac{3}{4}ab-a^2b-b^2-0.25ab$$

(1) 식을 간단히 하시오.

(2) 간단히 한 식에서 항은 몇 개인지 쓰시오.

(3) 간단히 한 식에서 계수가 음수인 항을 쓰시오.

서술형 문제

22 y에 대한 다항식 $12x^2y^3+7xy^2-8x^2y+3x$에서 문자 y에 대한 각 항의 계수와 상수항을 모두 더한 식을 간단히 하여 내림차순으로 정리하시오.

┌─ 풀이 ─────────────────┐
│   │
│   │
│   │
│   │
└─────────────────────────┘

서술형 문제

23 다음 조건을 모두 만족하는 다항식을 쓰시오.

• 식에서 문자는 x뿐입니다.
• 삼차식입니다.
• 항은 4개이고, 동류항은 없습니다.
• 상수항과 계수는 모두 6의 약수이고, 양수입니다.
• 항의 차수가 클수록 계수도 크고, 상수항이 가장 작습니다.

┌─ 풀이 ─────────────────┐
│   │
│   │
│   │
│   │
└─────────────────────────┘

색을 만들 때도 더하기, 빼기

합과 차는 수학에서만 하는 것이 아니라 색을 만들 때도 이용해.

그런데 물감으로 만드는 색 말고, TV나 휴대폰에서 보이는 색은 어떻게 만드는 걸까?

빛을 더하는 가산혼합, 그리고 색필터로 원하는 빛의 색을 만드는 감산혼합.

이렇게 두 가지 방법이 있어!

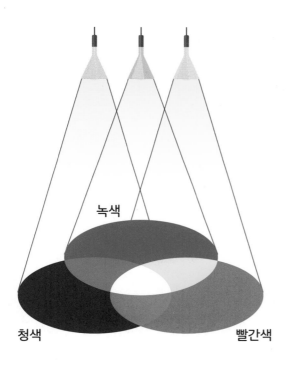

녹색

청색　　　　　　　**빨간색**

백색광

시안 색필름

옐로우 색필름　　　　**마젠타 색필름**

시안(cyan)

옐로우 (yellow)　　　　**마젠타 (magenta)**

가산혼합

빛의 3원색인 빨간색, 청색, 녹색을 더해가면서 색을 만들어. 빛이기 때문에 섞일수록 점점 더 밝아지는 거지~

감산혼합

백색광을 색필름에 통과시켜서 색을 만들어. 여러 색의 색필름을 겹치면서 원하는 색만 빼내는 방법이라 감산혼합법이라고 불러. 여러 색의 색필름을 겹칠수록 색깔은 점점 어두워지지~

3 일차식의 곱셈과 나눗셈

이때까지는 식끼리 더하고 빼는 것에 대해서 배웠지!

이제는 식의 곱셈과 나눗셈에 대해 배울 거야~

곱셈, 나눗셈이니까

덧셈, 뺄셈보다는 조금 복잡하겠지.

그러니까 간단한 식을 계산하는 방법부터

차례대로 배워볼 거야~

지금부터 시작!

1 간단한 일차식의 곱셈

$$2a \times 3a$$

$$= 2 \times a \times 3 \times a$$

$$= 2 \times 3 \times a \times a$$

곱셈의 교환법칙 $\quad x \times y \\ = y \times x$

$$= 6a^2$$

곱셈의 결합법칙 $\quad (x \times y) \times z \\ = x \times (y \times z)$

곱셈은,
수는 **수끼리** 곱하고, 문자는 **문자끼리** 곱하기

▶ 개념 익히기 1

빈칸을 알맞게 채우세요.

01

$3\,x \times 4\,y$

수끼리 곱하기

$= \boxed{12}\,xy$

02

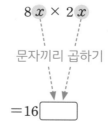

$8\,x \times 2\,x$

문자끼리 곱하기

$= 16 \boxed{}$

03

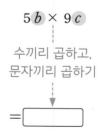

$5\,b \times 9\,c$

수끼리 곱하고,
문자끼리 곱하기

$= \boxed{}$

▶정답 및 해설 40쪽

$(-5b) \times (-8)$

$= +40b$

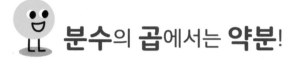

$\ominus \times \ominus \rightarrow \oplus$

$\ominus \times \oplus \rightarrow \ominus$

기억나지?

분수의 **곱**에서는 **약분**!

$\overset{4}{\cancel{16}} \times \left(-\dfrac{3}{\underset{1}{4}}y\right)$

$= -12y$

$\dfrac{b}{\underset{1}{\cancel{a}}} \times \dfrac{\overset{1}{\cancel{a}}}{c}$

분모 하나, 분자 하나
짝을 지어서
같은 수로 나누기!

$\dfrac{d}{\underset{1}{\cancel{c}}} \times \overset{1}{\cancel{c}}$

$c = \dfrac{c}{1}$ 로 생각하면
분모랑 약분이 되는 거지~

▶ 개념 익히기 2

○ 안에는 부호를, □ 안에는 수를 알맞게 쓰세요.

01

$(-5) \times 7x$

$= \ominus (\boxed{5} \times \boxed{7})x$

$= \bigcirc \boxed{}x$

02

$(-3) \times (-6y)$

$= \bigcirc (\boxed{} \times 6)y$

$= \bigcirc \boxed{}y$

03

$4 \times (-8z)$

$= \bigcirc (\boxed{} \times \boxed{})z$

$= \bigcirc \boxed{}z$

▶정답 및 해설 41쪽

▶ 개념 다지기 1

계산해 보세요.

01 $\left(-\dfrac{4}{3}a\right) \times 9 = -12a$

02 $\left(-\dfrac{2}{7}b\right) \times 14$

03 $(-8c) \times \left(-\dfrac{5}{16}\right)$

04 $\dfrac{9}{4} \times \dfrac{2}{3}x$

05 $\left(-\dfrac{7}{15}y\right) \times \dfrac{5}{14}$

06 $\left(-\dfrac{11}{24}\right) \times \left(-\dfrac{8}{66}z\right)$

▶ 개념 다지기 2

계산해 보세요.

01 $\left(-\dfrac{\overset{1}{\cancel{4}}}{3}a\right) \times \dfrac{1}{\underset{2}{\cancel{8}}}a = -\dfrac{1}{6}a^2$

02 $(-2a) \times (-4a)$

03 $\left(-\dfrac{2}{7}b\right) \times 14c$

04 $16c \times \left(-\dfrac{1}{4}c\right)$

05 $(-15a) \times 6b$

06 $(-1.4z) \times (-5z)$

▶ 개념 마무리 1

빈칸을 알맞게 채우세요.

01 $6ab = (\boxed{-2a}) \times (-3b)$

02 $-8a^2 = (\boxed{}) \times (-4a)$

03 $12ab = (-4a) \times (\boxed{})$

04 $-2c \times (\boxed{}) = 20c$

05 $\dfrac{1}{3}d \times (\boxed{}) = -9d$

06 $\dfrac{7}{4}bc = \left(-\dfrac{1}{4}c\right) \times (\boxed{})$

▶정답 및 해설 42쪽

▶ 개념 마무리 2

물음에 답하세요.

01 가로가 27 cm, 세로가 $\frac{5}{3}a$ cm인 직사각형의 넓이를 a에 대한 식으로 간단히 쓰세요.

$$\overset{9}{27} \times \frac{5}{\underset{1}{3}}a = 45a$$

답: $45a$ cm^2

02 1200원짜리 메모지를 $4x$개 살 때, 지불해야 할 금액을 x에 대한 식으로 간단히 쓰세요.

---

03 밑변의 길이가 $6b$ cm, 높이가 10 cm인 삼각형의 넓이를 b에 대한 식으로 간단히 쓰세요.

04 한 개에 y원인 음료수를 8개씩 묶어서 판매하고 있습니다. 음료수 3묶음의 가격을 y에 대한 식으로 간단히 쓰세요.

---

05 한 모서리의 길이가 $2z$ cm인 정육면체의 겉넓이를 z에 대한 식으로 간단히 쓰세요.

06 한 변의 길이가 $\frac{1}{6}d$ cm인 정십이각형의 둘레를 d에 대한 식으로 간단히 쓰세요.

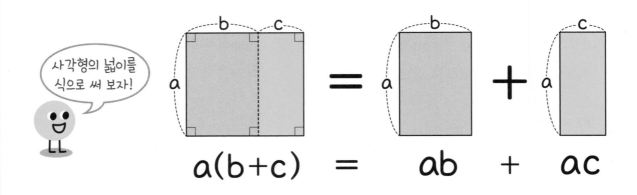

사각형의 넓이를 식으로 써 보자!

$$a(b+c) = ab + ac$$

각 에 분배하여 곱하기

분배 '나누어 준다'는 뜻 **법칙**

$$a(b+c) = ab + ac$$

$$(b+c)a = ab + ac$$

개념 익히기 1

분배법칙으로 곱해지는 식끼리 화살표로 연결하세요.

01

$$(a+b) \times xyz^2$$

02

$$-5a^4bc(1-x)$$

03

$$\left(2x + \frac{1}{4}y\right) \times \frac{1}{4}ab$$

▶정답 및 해설 43쪽

 단항식

다항식

$$\frac{1}{2}(2x-4)$$

곱해지는 것끼리 선으로 연결하면
실수를 줄일 수 있어~

분배법칙에서는
괄호 안의 +나 −가
그대로!

$$a(b+c)$$
$$=ab+ac$$
- - - - - - - - - - - - - - - -
$$a(b-c)$$
$$=ab-ac$$

$$=\frac{1}{2}\times 2x - \frac{1}{2}\times 4$$

$$= 1x - 2$$

▶ 개념 익히기 2

빈칸에 알맞은 수를 쓰세요.

01

$$15\times\left(\frac{2}{3}+\frac{7}{5}\right)$$

$$=15\times\boxed{\frac{2}{3}}+15\times\boxed{\frac{7}{5}}$$

02

$$\left(\frac{5}{8}-\frac{3}{4}\right)\times(+4)$$

$$=\boxed{}\times(+4)-\boxed{}\times(+4)$$

03

$$18\times\left(\frac{2}{9}+\frac{5}{6}\right)$$

$$=18\times\boxed{}+18\times\boxed{}$$

▶정답 및 해설 43쪽

▶ 개념 다지기 1

○ 안에는 연산 기호를, ☐ 안에는 식을 알맞게 쓰세요.

01　$(-3a+5) \times 4$

$= (-3a) \times \boxed{4} \oplus 5 \times \boxed{4}$

02　$(4x-6) \times \dfrac{1}{2}$

$= \boxed{} \times \dfrac{1}{2} \bigcirc 6 \times \boxed{}$

03　$8 \times (6c-12)$

$= 8 \bigcirc 6c - 8 \bigcirc \boxed{}$

04　$10 \times \left(\dfrac{1}{2}b+12\right)$

$= \boxed{} \bigcirc \dfrac{1}{2}b + 10 \bigcirc 12$

05　$\left(\dfrac{4}{3}c-21\right) \times \dfrac{5}{8}$

$= \boxed{} \bigcirc \dfrac{5}{8} \bigcirc 21 \times \boxed{}$

06　$\dfrac{1}{20} \times \left(\dfrac{1}{8}y-\dfrac{10}{9}\right)$

$= \dfrac{1}{20} \bigcirc \boxed{} - \boxed{} \times \dfrac{10}{9}$

▶정답 및 해설 44쪽

▶ 개념 다지기 2

계산해 보세요.

01

$$\frac{3}{\underset{1}{\cancel{4}}} \times \overset{2}{\cancel{8}}x$$

$$\frac{3}{4}(8x-12)=6x-9$$

$$\frac{3}{\underset{1}{\cancel{4}}} \times \overset{3}{\cancel{12}}$$

02

$$\frac{2}{5}(10a-15)=$$

03

$$14\left(7y+\frac{1}{7}\right)=$$

04

$$24\left(\frac{5}{6}b-\frac{3}{8}\right)=$$

05

$$32\left(\frac{1}{16}z+\frac{11}{4}\right)=$$

06

$$\frac{10}{3}\left(\frac{9}{2}c-\frac{3}{5}\right)=$$

▶ 개념 마무리 1

다음 식을 계산하여 간단히 나타내고, 물음에 답하세요.

01 $8\left(\dfrac{1}{4}x-\dfrac{3}{2}\right)=2x-12$

➡ 일차항의 계수는? **2**

$$\overset{2}{\cancel{8}}\times\dfrac{1}{\cancel{4}_1}x$$

$$8\left(\dfrac{1}{4}x-\dfrac{3}{2}\right)=\underset{\text{일차항}}{2x}-12$$

$$\overset{4}{\cancel{8}}\times\dfrac{3}{\cancel{2}_1}$$

02 $(3x-8)\times 2=$

➡ 상수항은?

03 $\dfrac{1}{5}(-10x+55)=$

➡ x의 계수는?

04 $40(0.5x-1.5)=$

➡ $x=0$일 때, 식의 값은?

05 $\dfrac{3}{10}\left(80x-\dfrac{5}{6}\right)=$

➡ x의 계수와 상수항의 곱은?

06 $\left(\dfrac{3}{2}x-18\right)\times\dfrac{16}{9}=$

➡ $x=3$일 때, 식의 값은?

▶ 개념 마무리 2

주어진 도형의 넓이를 x에 대한 식으로 간단히 나타내세요.

01

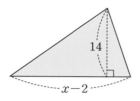

$$(x-2) \times \overset{7}{\cancel{14}} \times \frac{1}{\underset{1}{\cancel{2}}}$$
$$=(x-2) \times 7$$
$$=7x-14$$

답: $7x-14$

02

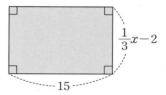

03

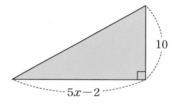

04

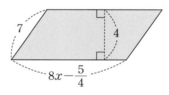

05

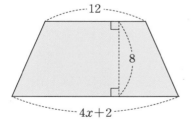

06

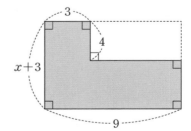

1과의 곱은,
1을 생략하는 거였지!

예 $a \times 1$

$= 1a$ 〈수는 문자 앞에!〉

$= a$ 〈1은 생략〉

$-(2x-3)$

생략된 1과 곱하기 기호 살리기

$= -1 \times (2x-3)$

각

각

음수를 곱하는 거니까,

-1과의 곱도,
1은 생략하고 부호만 썼지~

예 $-1 \times a$

$= -1a$

$= -a$

예 $-1 \times (\ \ )$

$= -(\ \ )$

각 각 부호를 반대로!

$= - 2x + 3$

▶ **개념 익히기 1**

괄호를 풀어 식을 간단히 하세요.

01

$-(8x-2)$

$= -8x+2$

02

$-(-5+6a)$

03

$-(-4y+1)$

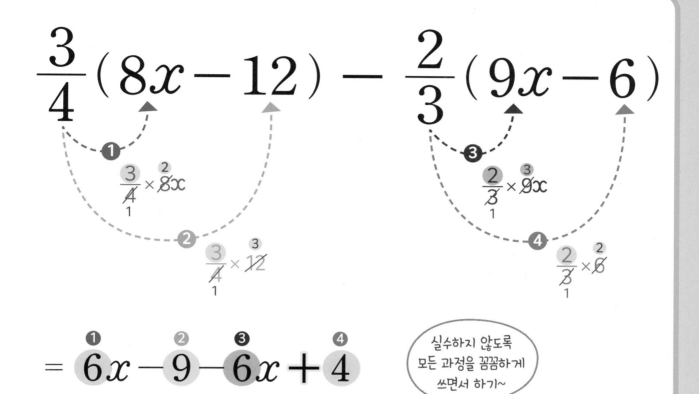

$$\frac{3}{4}(8x-12) - \frac{2}{3}(9x-6)$$

$$= 6x - 9 - 6x + 4$$

$$= -5$$

실수하지 않도록 모든 과정을 꼼꼼하게 쓰면서 하기~

▶ **개념 익히기 2**

◯ 안에 알맞은 부호를 쓰세요.

01

$-2(9x-6)$

$= \ominus 2 \times 9x \oplus 2 \times 6$

02

$-4(-7x+24)$

$= \bigcirc 4 \times 7x \bigcirc 4 \times 24$

03

$-5(31+5x)$

$= \bigcirc 5 \times 31 \bigcirc 5 \times 5x$

▶ 개념 다지기 1

괄호를 풀어 식을 간단히 하세요.

01 $-3(7x-6) = -21x+18$

02 $-(-8x+9)$

03 $-2(-5x+4)$

04 $-(-x+y-1)$

05 $-\dfrac{1}{2}(4x-64)$

06 $\left(\dfrac{1}{5}-\dfrac{3}{2}x\right)\times(-10)$

▶ 개념 다지기 2

○ 안에 알맞은 부호를 쓰세요.

01 $\boxed{+} \dfrac{7}{4}(-8a \boxed{+} 16) = -14a + 28$

02 $\bigcirc 5(6x \bigcirc 2) = -30x - 10$

03 $\bigcirc \dfrac{1}{2}(\bigcirc 10b - 16) = 5b + 8$

04 $-42\left(\bigcirc \dfrac{1}{6}y \bigcirc \dfrac{1}{7}\right) = -7y + 6$

05 $\bigcirc 4\left(\dfrac{1}{7}c \bigcirc \dfrac{9}{2}\right) = \dfrac{4}{7}c + 18$

06 $\bigcirc 27\left(-\dfrac{2}{9}z + \dfrac{5}{3}\right) = -6z \bigcirc 45$

▶정답 및 해설 49쪽

▶ 개념 마무리 1

다음을 계산하세요.

01 $2(-3x+2)-4(4x-5)$

$=-6x+4-16x+20$

$=-22x+24$

답: $-22x+24$

02 $-(-x+10)-7(x+1)$

03 $8(6x+5)-(30x-100)$

04 $-4\left(-\dfrac{1}{2}x-5\right)-5x+9$

05 $\dfrac{2}{3}(-6x+21)-(-11x+7)$

06 $-10(0.2x+1)-100\left(\dfrac{7}{25}x+0.2\right)$

▶ 개념 마무리 2

다음 식을 계산하여 간단히 나타내세요.

01
$$7x-[-y+3\{2x-6y-5(x+y)\}]$$
$$=7x-[-y+3\{2x-6y-5x-5y\}]$$
$$=7x-[-y+3\{-3x-11y\}]$$
$$=7x-[-y-9x-33y]$$
$$=7x-[-9x-34y]$$
$$=7x+9x+34y$$
$$=16x+34y$$

답: $16x+34y$

02 $9b-\{-8a+10(2a-4b)\}$

03 $17x-[14x+11y-5\{y-(2x-3y)\}]$

04 $\frac{1}{2}[18x-\{2x-2(6y+12z)\}-30y]$

4 식을 대입하기

문제 A$=3x-5$, B$=-2x+1$일 때,
2A$-$B를 계산하면?

> 대입할 때는 **(괄호)** 하는 거 기억하지?

> A 대신에 $3x-5$를 대입!

> B 대신에 $-2x+1$을 대입!

풀이 $2($ A식 $)-($ B식 $)$

$\rightarrow 2(3x-5)-(-2x+1)$

$= 6x-10+2x-1$

$= 8x-11$

답 $8x-11$

> ⚠ 식을 통째로 더하거나 뺄 때는 괄호를 해야 해~
>
> 특히, 식을 뺄 때 괄호가 없으면 결과가 다르게 나오니까 괄호를 꼭 하기!

▶ **개념 익히기 1**

두 식이 A$=x+1$, B$=4x-3$일 때, 괄호 안에 알맞은 식을 쓰세요.

01

   B$-$A$=($ $4x-3$ $)-($ $x+1$ $)$

02

   2A$+$B$=2($ $)+($ $)$

03

   2B$-$5A$=2($ $)-5($ $)$

▶정답 및 해설 51쪽　3-19

문제 ▶ □ 안에 알맞은 식을 구하세요.

$$\boxed{} - (4x - 3) = 2x + 1$$

(괄호)는 한 덩어리!

? − A = B

A를 빼면　　B가 남음

그러니까,

➡ ? = A + B

- - - - - - - - - - - - - - - -

같은 방법으로 생각하면,

A + ? = B

➡ **? = B − A**

풀이

남은 것이 $2x+1$

$4x-3$

$$\boxed{} = (4x - 3) + (2x + 1)$$

$$= 4x - 3 + 2x + 1$$

$$= 6x - 2$$

답 ▶ $6x - 2$

▶ 개념 익히기 2

식을 보고 그림에 빈칸을 알맞게 채우세요.

3-20

01

? − A = B

02

? = A + B

03

B − ? = A

▶ 개념 다지기 1

$A=8x-4$, $B=12x+10$일 때, 다음 식을 계산하세요.

01 $3A-2B$

$=3(8x-4)-2(12x+10)$

$=24x-12-24x-20$

$=-32$

답: -32

02 $2A-B$

03 $-A+B$

04 $A-\dfrac{1}{2}B$

05 $B+\dfrac{1}{4}A$

06 $2(A+B)$

▶ 개념 다지기 2

물음에 답하세요.

01 $A-(11x+3)=5x+9$일 때,
A는?

$$
\boxed{\overset{\displaystyle A}{11x+3\ \big)\ 5x+9}}
$$

$A=(11x+3)+(5x+9)$
　　$=16x+12$

답: $16x+12$

02 $B+(x-2)=5x-1$일 때,
B는?

03 $(6x+8)+C=9x-1$일 때,
C는?

04 $(7x-3)-D=x+10$일 때,
D는?

05 $(3x+2)-E=8x-4$일 때,
E는?

06 $(12x-10)+F=9x-11$일 때,
F는?

개념 마무리 1

주어진 식을 간단히 해서, $A=x+5$, $B=7x-2$를 대입하여 계산하세요.

01

$$3A+B-A+5B$$

$=2A+6B$

$=2(x+5)+6(7x-2)$

$=2x+10+42x-12$

$=44x-2$

답: $44x-2$

02

$$5A+2B-6A$$

03

$$9B-2A-10B+3A$$

04

$$100A+20B-97A-19B$$

05

$$\frac{1}{2}(12A+2B)-3B$$

06

$$2(7B-3A)-5(A+3B)$$

▶ 개념 마무리 2

어떤 식을 $\boxed{?}$ 로 하여 식을 세우고, 물음에 답하세요.

01

어떤 식에서 $-x+3$을 뺐더니 $5x+12$가 되었습니다. 어떤 식은?

식 $\qquad \boxed{?} -(-x+3)=5x+12 \qquad$ 답 _____

02

$6x-1$에 어떤 식을 더했더니 $-3x$가 되었습니다. 어떤 식은?

식 _____ 답 _____

03

어떤 식에 $-9x-1$을 더했더니 $-2x+6$이 되었습니다. 어떤 식은?

식 _____ 답 _____

04

$20x+8$에서 어떤 식을 뺐더니 -12가 되었습니다. 어떤 식은?

식 _____ 답 _____

05

어떤 식에서 $-5x-8$을 뺐더니 $10x-23$이 되었습니다. 어떤 식은?

식 _____ 답 _____

06

$7x+1$에 어떤 식을 더했더니 $15x-\dfrac{1}{2}$이 되었습니다. 어떤 식은?

식 _____ 답 _____

분수 모양은
어떻게 계산하지?

$$\frac{6x+4}{8}$$

$$\frac{6x+4}{8}$$

분모가 같으면 하나로 **쓸 수 있지!**

$$\frac{b}{a}+\frac{c}{a}=\frac{b+c}{a}$$

반대로, 분모가 같은 두 분수 꼴로
쪼개어 **쓸 수도 있어!**

$$=\frac{6x}{8}+\frac{4}{8}$$

$$\overset{3}{\frac{6x}{\underset{4}{8}}}=\frac{3x}{4}$$

분자에 있는
문자는
분수 옆에
써도 돼!

$$=\frac{3}{4}x$$

$$=\frac{3}{4}x+\frac{1}{2}$$

▶ **개념 익히기 1**

분모가 같은 분수로 쪼개어 쓸 수 있게 ♡표 하고, 빈칸을 알맞게 채우세요.

01

$$\frac{\triangle-\heartsuit}{a}$$

$$=\frac{\boxed{\triangle}}{a}\ominus\frac{\boxed{\heartsuit}}{a}$$

02

$$\frac{\star+\spadesuit}{2}$$

$$=\frac{\boxed{}}{2}\bigcirc\frac{\boxed{}}{2}$$

03

$$\frac{a-b}{c}$$

$$=\frac{\boxed{}}{\boxed{}}\bigcirc\frac{\boxed{}}{\boxed{}}$$

▶정답 및 해설 56쪽

⭐ 분수 모양은 곱셈으로 나타낼 수 있어!

$$\frac{6x+4}{8}$$

$$= (6x+4) \times \frac{1}{8}$$

$$= \overset{3}{6}x \times \frac{1}{\underset{4}{8}} \quad + \quad \overset{1}{4} \times \frac{1}{\underset{2}{8}}$$

$$= \quad \frac{3}{4}x \quad + \quad \frac{1}{2}$$

기억나지~?

$$\frac{B}{A} = B \times \frac{1}{A}$$

이때, 분자는 반드시
하나의 **덩어리**로 생각해야 해!

$$\rightarrow \frac{(6x+4)}{8} = (6x+4) \times \frac{1}{8}$$

틀린 계산

$$\frac{6x+4}{⑧} \neq 6x + 4 \times \frac{1}{⑧}$$

6x와 4
둘 다에 해당하는
분모!

4에만 해당하는
분모!

▶ 개념 익히기 2

빈칸을 알맞게 채우세요.

01

$$\frac{☆}{4}$$

$$= ☆ \times \frac{1}{4}$$

02

$$\frac{☆+△}{11}$$

$$= (\quad\quad) \times \frac{1}{11}$$

03

$$\frac{A+B-C}{7}$$

$$= (\quad\quad\quad) \times \frac{1}{\square}$$

▶ 개념 다지기 1

쪼개진 분수는 합쳐서 쓰고, 합쳐진 분수는 쪼개어 쓰세요.

01 $\dfrac{3}{8}x - \dfrac{5}{8}$

분수를
합쳐서!

$= \dfrac{3x-5}{8}$

02 $\dfrac{6x+11}{7}$

분수를
쪼개서!

$=$

03 $\dfrac{9a}{2} + \dfrac{11}{2}$

분수를
합쳐서!

$=$

04 $\dfrac{3x-11y}{10}$

분수를
쪼개서!

$=$

05 $\dfrac{12b-32a}{23}$

분수를
쪼개서!

$=$

06 $\dfrac{9}{15}y + \dfrac{11}{15}z$

분수를
합쳐서!

$=$

▶ 개념 다지기 2

빈칸을 알맞게 채우세요.

01 $\dfrac{2x+5}{4} = (\boxed{2x+5}) \times \dfrac{1}{4}$

02 $\dfrac{6a-1}{7} = (\boxed{}) \times \dfrac{1}{7}$

03 $\dfrac{1}{14} \times (9y-3) = \dfrac{9y-3}{\boxed{}}$

04 $(-b \times 2c) \times \dfrac{1}{5} = \dfrac{\boxed{}}{5}$

05 $(y \div 4) \times \dfrac{1}{8} = \dfrac{\boxed{}}{8}$

06 $\dfrac{-4x-11y}{24} = (\boxed{}) \times \dfrac{1}{\boxed{}}$

▶ 개념 마무리 1

주어진 식을 두 분수로 쪼개어 계산하려고 합니다. 빈칸을 알맞게 채워 식을 간단히 쓰세요.

01 $\dfrac{6x-9}{3}$

$$=\dfrac{\overset{2}{\cancel{6x}}}{\underset{1}{\cancel{3}}}\ominus\dfrac{\overset{3}{\cancel{9}}}{\underset{1}{\cancel{3}}}$$

$$=$$

02 $\dfrac{8x+4}{4}$

$$=\dfrac{\square}{4}\bigcirc\dfrac{\square}{4}$$

$$=$$

03 $\dfrac{10x+15}{6}$

$$=\dfrac{\square}{6}\bigcirc\dfrac{\square}{6}$$

$$=$$

04 $\dfrac{21x-9}{12}$

$$=\dfrac{\square}{12}\bigcirc\dfrac{\square}{12}$$

$$=$$

05 $\dfrac{8x-28}{16}$

$$=$$

06 $\dfrac{6x+30}{36}$

$$=$$

▶ 개념 마무리 2

주어진 식을 분수가 곱해진 모양으로 바꿔서 계산하려고 합니다. 빈칸을 알맞게 채워 식을 간단히 쓰세요.

01 $\dfrac{14x-3}{2}$

$= (14x-3) \times \dfrac{1}{\boxed{2}}$

$= \overset{7}{14}x \times \dfrac{1}{\underset{1}{\boxed{2}}} \ominus 3 \times \dfrac{1}{2}$

$=$

02 $\dfrac{35a-14}{7}$

$= (35a-14) \times \dfrac{1}{\square}$

$= 35a \times \dfrac{1}{\square} \bigcirc 14 \times \dfrac{1}{\square}$

$=$

03 $\dfrac{2x+6}{8}$

$= (\boxed{}) \times \dfrac{1}{8}$

$= \square \times \dfrac{1}{8} \bigcirc \square \times \dfrac{1}{8}$

$=$

04 $\dfrac{27x+3}{9}$

$= (\boxed{}) \times \dfrac{1}{9}$

$=$

05 $\dfrac{45x-12}{15}$

$=$

06 $\dfrac{-13x-2}{26}$

$=$

6 분수 모양의 식 계산 (2)

$$\frac{6x+4}{8}$$

비슷해 보여도 완전히 다른 거야!

$$\frac{6x\times4}{8}$$

$$=(6x+4)\times\frac{1}{8}$$

더하기, 곱하기니까

분배법칙

$$=\overset{3}{6}x\times\frac{1}{\overset{8}{}_4}\;+\;\overset{1}{4}\times\frac{1}{\overset{8}{}_2}$$

$$=\;\frac{3}{4}x\;+\;\frac{1}{2}$$

$$=(6x\times4)\times\frac{1}{8}$$

곱하기, 곱하기니까

세 수의 곱

$$=\overset{3}{6}x\;\times\;\overset{1}{4}\;\times\;\frac{1}{\overset{8}{}_{\overset{2}{}_1}}$$

$$=3x$$

▶ 개념 익히기 1

분수 모양의 식을 곱셈식으로 바꾸어 계산할 때, 알맞은 것에 V표 하세요.

01

$$\frac{5x\times4}{10}$$

$$=(5x\times4)\times\frac{1}{10}$$

↓

세 수의 곱 ☑

분배법칙 ☐

02

$$\frac{2x+8}{2}$$

$$=(2x+8)\times\frac{1}{2}$$

↓

세 수의 곱 ☐

분배법칙 ☐

03

$$\frac{14x\times3}{6}$$

$$=(14x\times3)\times\frac{1}{6}$$

↓

세 수의 곱 ☐

분배법칙 ☐

분자가 **덧셈식**이면
삼총사 약분하기!

$$\dfrac{\overset{3}{\cancel{6}}x + \overset{2}{\cancel{4}}}{\underset{4}{\cancel{8}}}$$

$$= \dfrac{3x + 2}{4}$$

더 이상
삼총사 약분을
할 수 없지!

$$= \dfrac{3x}{4} + \dfrac{1}{2}$$

분자가 **곱셈식**이면
한 쪽씩 약분하기!

$$\dfrac{\overset{3}{\cancel{6}}x \times 4}{\underset{4}{\cancel{8}}}$$

$$= \dfrac{3x \times \overset{1}{\cancel{4}}}{\underset{1}{\cancel{4}}}$$

$$= 3x$$

▶ 개념 익히기 2

분수의 삼총사를 약분한 것입니다. 어떤 수로 약분한 것인지 알맞은 수에 ○표 하세요.

01

$$\dfrac{\overset{5}{\cancel{10}}x + \overset{1}{\cancel{2}}}{\underset{2}{\cancel{4}}}$$

| ② | 4 | 10 |

02

$$\dfrac{\overset{2}{\cancel{6}}a + \overset{5}{\cancel{15}}}{\underset{3}{\cancel{9}}}$$

| 2 | 3 | 5 |

03

$$\dfrac{\overset{7}{\cancel{35}}c - \overset{2}{\cancel{10}}}{\underset{14}{\cancel{70}}}$$

| 5 | 7 | 14 |

▶ 개념 다지기 1

다음 분수 모양의 식을 바르게 약분한 것에 V표 하세요.

01

$$\frac{\overset{3}{\cancel{6}x} \times \overset{5}{\cancel{10}}}{\underset{2}{\cancel{4}}}$$ ☐

$$\frac{\overset{3}{\cancel{6}x} + \overset{5}{\cancel{10}}}{\underset{2}{\cancel{4}}}$$ ☑

02

$$\frac{\overset{1}{\cancel{5}a} \times \overset{3}{\cancel{15}}}{\underset{5}{\cancel{25}}}$$ ☐

$$\frac{\overset{1}{\cancel{5}a} \times \overset{3}{\cancel{15}}}{\underset{\underset{1}{5}}{\cancel{25}}}$$ ☐

03

$$\frac{\overset{3}{\cancel{9}b} - \overset{1}{\cancel{3}}}{\underset{2}{\cancel{6}}}$$ ☐

$$\frac{\overset{3}{\cancel{9}b} - 3}{\underset{2}{\cancel{6}}}$$ ☐

04

$$\frac{2x + \overset{7}{\cancel{21}}}{\underset{10}{\cancel{30}}}$$ ☐

$$\frac{\overset{1}{\cancel{2}x} \times \overset{7}{\cancel{21}}}{\underset{\underset{5}{15}}{\cancel{30}}}$$ ☐

05

$$\frac{\overset{1}{\cancel{7}x} \times \overset{2}{\cancel{14}}}{\underset{\underset{1}{7}}{\cancel{49}}}$$ ☐

$$\frac{\overset{1}{\cancel{7}x} \times \overset{2}{\cancel{14}}}{\underset{7}{\cancel{49}}}$$ ☐

06

$$\frac{\overset{2}{\cancel{8}x} \times 28}{\underset{5}{\cancel{20}}}$$ ☐

$$\frac{8x - \overset{7}{\cancel{28}}}{\underset{5}{\cancel{20}}}$$ ☐

▶ 개념 다지기 2

다음 중 나머지 식과 다른 식을 찾아 ×표 하세요.

01

$\dfrac{3}{2}x \times 6$

$\dfrac{3x \times 6}{2}$

~~$\dfrac{3x+6}{2}$~~

02

$(7x \times 3) + \dfrac{1}{8}$

$\dfrac{7x \times 3}{8}$

$\dfrac{1}{8} \times (7x \times 3)$

03

$(x-9) \times \dfrac{1}{5}$

$\dfrac{x}{5} - 9$

$\dfrac{x-9}{5}$

04

$\dfrac{10x \times 4}{5}$

$(10x+4) \times \dfrac{1}{5}$

$\dfrac{10x}{5} + \dfrac{4}{5}$

05

$\dfrac{2x}{13} \times 12$

$\dfrac{2x+12}{13}$

$(2x \times 12) \times \dfrac{1}{13}$

06

$\dfrac{15x \times 3}{8}$

$(15x \times 3) \times \dfrac{1}{8}$

$\dfrac{15x+3}{8}$

▶ 개념 마무리 1

분수 모양의 식을 약분하여 간단히 나타내세요.

01

$$\frac{\overset{12}{\cancel{24}}x+\overset{9}{\cancel{18}}}{\underset{7}{\cancel{14}}}=\frac{12x+9}{7}$$

02

$$\frac{18a-14}{4}$$

03

$$\frac{12\times60b}{15}$$

04

$$\frac{4x-32y}{6}$$

05

$$\frac{15a+30b}{3}$$

06

$$\frac{-18b\times25c}{10}$$

▶ 정답 및 해설 61쪽

▶ 개념 마무리 2

다음을 계산하여 간단히 나타내세요.

01

$$6x + \overset{4}{\cancel{8}} \times \frac{1}{\underset{1}{\cancel{2}}} = 6x + 4$$

02

$$(10x \times 15) \times \frac{1}{5} \times 6$$

03

$$\frac{1}{5} \times (5x - 15)$$

04

$$\frac{12x + 18y}{30}$$

05

$$\frac{7x \times 3y}{21}$$

06

$$\frac{1}{7} \times 14x + 21$$

문제▶ $\dfrac{2x-4}{3} \ominus \dfrac{x+3}{2}$ 을 계산하면?

분수 모양의 뺄셈!
그러니까
통분부터 하기~

분모나 분자가
덧셈, 뺄셈식이면
(괄호)를 하고
식을 변형하기!

풀이▶ $\dfrac{(2x-4)^{\times 2}}{3^{\ \times 2}} - \dfrac{(x+3)^{\times 3}}{2^{\ \times 3}}$

분배법칙을 이용!
$(a+b)c = ac + bc$

$= \dfrac{(4x-8)}{6} - \dfrac{(3x+9)}{6}$

분모가 똑같이 6이니까
합쳐서 쓸 수 있지!
그러니까 ── 는 분자로 보내고~

$= \dfrac{(4x-8)-(3x+9)}{6}$

분수 앞에 있는 ⊖ 를 정리하는 방법

$= \dfrac{4x-8-3x-9}{6}$

분수 앞의
⊖는, $-\dfrac{3}{2}$ $= -(3 \div 2)$

‖

분자로
보내도 되고~ $\dfrac{-3}{2}$ $= (-3) \div 2$

‖

$= \dfrac{x-17}{6} \left(= \dfrac{1}{6}x - \dfrac{17}{6}\right)$

분모로 보내도
모두 같아! $\dfrac{3}{-2}$ $= 3 \div (-2)$

▶ 개념 익히기 1

분수 모양의 식 앞에 있는 −를 분자로 보내서 써 보세요.

01

$$-\frac{x+1}{2}$$

➡ $\dfrac{-(x+1)}{2}$

02

$$-\frac{2x-3}{9}$$

➡ $\dfrac{2x-3}{9}$

03

$$-\frac{-x+11}{15}$$

➡ $\dfrac{-x+11}{15}$

▶ 개념 익히기 2

분모를 주어진 수로 바꾸는 과정입니다. 빈칸을 알맞게 채우세요.

01

분모를 4로 바꾸기

$$\frac{x+3}{2}$$
$$=\frac{(x+3)\times\boxed{2}}{2\times 2}$$
$$=\frac{\boxed{2x+6}}{4}$$

02

분모를 12로 바꾸기

$$\frac{5x-1}{4}$$
$$=\frac{(5x-1)\times\boxed{}}{4\times 3}$$
$$=\frac{\boxed{}}{12}$$

03

분모를 24로 바꾸기

$$\frac{-x-6}{4}$$
$$=\frac{(-x-6)\times\boxed{}}{4\times\boxed{}}$$
$$=\frac{\boxed{}}{24}$$

▶정답 및 해설 62쪽

▶ 개념 다지기 1

분수 앞의 부호를 분자로 보내서 간단히 나타내세요.

01

$$-\frac{x-1}{2}$$

$$=\frac{\bigominus(x-1)}{2}$$

$$=\frac{\boxed{-x+1}}{2}$$

02

$$-\frac{8x+4}{5}$$

$$=\frac{\bigcirc(8x+4)}{5}$$

$$=\frac{\boxed{}}{5}$$

03

$$-\frac{-5x+9}{7}$$

$$=\frac{\bigcirc(-5x+9)}{7}$$

$$=\frac{\boxed{}}{7}$$

04

$$+\frac{-2x+3}{4}$$

$$=\frac{\bigcirc(-2x+3)}{4}$$

$$=\frac{\boxed{}}{4}$$

05

$$-\frac{-7x-1}{10}$$

$$=\frac{\bigcirc(-7x-1)}{10}$$

$$=\frac{\boxed{}}{10}$$

06

$$+\frac{11x+13}{8}$$

$$=\frac{\bigcirc(11x+13)}{8}$$

$$=\frac{\boxed{}}{8}$$

▶정답 및 해설 63쪽

▶ 개념 다지기 2

빈칸을 알맞게 채우고, 계산해 보세요.

01

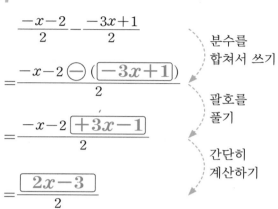

$$\frac{-x-2}{2} - \frac{-3x+1}{2}$$

$$= \frac{-x-2 \ominus (\boxed{-3x+1})}{2}$$

분수를
합쳐서 쓰기

$$= \frac{-x-2 \boxed{+3x-1}}{2}$$

괄호를
풀기

$$= \frac{\boxed{2x-3}}{2}$$

간단히
계산하기

02

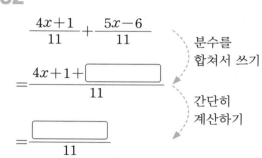

$$\frac{4x+1}{11} + \frac{5x-6}{11}$$

$$= \frac{4x+1+\boxed{}}{11}$$

분수를
합쳐서 쓰기

$$= \frac{\boxed{}}{11}$$

간단히
계산하기

03

$$\frac{2x+8}{9} - \frac{8x-2}{9}$$

$$= \frac{2x+8 \bigcirc (\boxed{})}{9}$$

분수를
합쳐서 쓰기

$$= \frac{2x+8 \boxed{}}{9}$$

괄호를
풀기

$$= \frac{\boxed{}}{9}$$

간단히
계산하기

04

$$\frac{x-8}{75} - \frac{-13x+20}{75}$$

$$= \frac{x-8 \bigcirc (\boxed{})}{75}$$

분수를
합쳐서 쓰기

$$= \frac{x-8 \boxed{}}{75}$$

괄호를
풀기

$$= \frac{\boxed{}}{75}$$

간단히
계산하기

05

$$\frac{-6x+10}{5} + \frac{-3x+20}{5}$$

06

$$\frac{30x-15}{31} - \frac{33x-6}{31}$$

▶ 개념 마무리 1

빈칸을 알맞게 채우고, 계산해 보세요.

01

$$\frac{-3x+5}{6} - \frac{x+4}{3}$$

분모를 6으로 통분하기

$$= \frac{-3x+5}{6} - \frac{(x+4) \times \boxed{2}}{3 \times \boxed{2}}$$

$$= \frac{-3x+5}{6} - \frac{\boxed{2x+8}}{6}$$

$$=$$

02

$$\frac{29x}{14} - \frac{-7x+6}{7}$$

분모를 $\boxed{}$로 통분하기

$$= \frac{29x}{14} - \frac{(-7x+6) \times \boxed{}}{7 \times \boxed{}}$$

$$= \frac{29x}{14} - \frac{\boxed{}}{14}$$

$$=$$

03

$$\frac{2x+1}{4} + \frac{x-3}{3}$$

$$=$$

04

$$\frac{-5x+5}{15} - \frac{7x-6}{10}$$

$$=$$

▶정답 및 해설 65~66쪽

▶ 개념 마무리 2

다음 식을 계산하여 간단히 나타내세요.

01 $\dfrac{12x+1}{3}-\left(5x+\dfrac{2}{3}\right)$

$=\dfrac{12x+1}{3}-\dfrac{15x+2}{3}$

$=\dfrac{12x+1-(15x+2)}{3}$

$=\dfrac{12x+1-15x-2}{3}$

$=\dfrac{-3x-1}{3}$

답: $\dfrac{-3x-1}{3}$

02 $(24x-16)\times\dfrac{1}{8}-\dfrac{9}{4}x\times\dfrac{4}{3}$

03 $\dfrac{9x-19}{7}+\dfrac{1}{7}(5x-2)$

04 $(4x-12)\div10-\dfrac{1}{5}(-8x+34)$

05 $(3x-3)\div2-\dfrac{11}{2}x-\dfrac{9}{2}$

06 $\dfrac{3}{2}x+\dfrac{7}{2}-\dfrac{x-6}{3}$

단원 마무리

01 다음 식을 계산하여 간단히 나타내시오.

$$6x \times (-2y) =$$

02 빈칸에 알맞은 식을 쓰시오.

$$\frac{3}{8}a - \frac{1}{8} = \frac{\boxed{}}{8}$$

03 다음 중 계산을 바르게 한 것은?

① $2a \times (-5) = 10a$

② $\frac{1}{2} \times \left(-\frac{2}{5}b\right) = -5b$

③ $(-3x) \times (-6y) = 18x^2$

④ $(-10) \times 4b = -40b$

⑤ $15a \times \left(-\frac{1}{5}a\right) = -3a$

04 한 모서리의 길이가 $3x$인 정육면체의 부피를 x에 대한 식으로 간단히 나타내시오.

05 다음 중 빈칸에 들어갈 부호가 <u>다른</u> 하나는?

① $-2(5x-3) = -10x \bigcirc 6$

② $10(-8y+3) = \bigcirc 80y + 30$

③ $\frac{3}{7}(-14a-7b) = -6a \bigcirc 3b$

④ $-(123-45x) = \bigcirc 123 + 45x$

⑤ $-12\left(-\frac{2}{3} + \frac{5c}{6}\right) = 8 \bigcirc 10c$

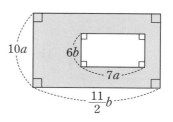

06 다음 식에 대한 설명으로 옳지 <u>않은</u> 것은?

$$(-10x+12) \times \frac{1}{2}$$

① 분배법칙을 쓸 수 있습니다.
② x에 대한 일차식입니다.
③ 다항식과 단항식의 곱입니다.
④ 간단히 한 식에서 상수항은 6입니다.
⑤ 간단히 한 식에서 일차항의 계수는 -10
입니다.

07 계산 결과를 보고 ◯ 안에 알맞은 연산 기호를 쓰시오.

$$(24x \bigcirc 36) \bigcirc \frac{1}{3} = 8x - 12$$

08 분수 모양의 식을 약분한 것으로 옳지 <u>않은</u> 것은?

① $\dfrac{5a+15}{10} = \dfrac{a+3}{2}$

② $\dfrac{3a \times 5}{6} = \dfrac{5a}{2}$

③ $\dfrac{2b-10}{4} = \dfrac{b-10}{2}$

④ $\dfrac{3c \times 5}{30} = \dfrac{c}{2}$

⑤ $\dfrac{-8a-6}{4} = \dfrac{-4a-3}{2}$

09 색칠한 부분의 넓이를 간단히 나타내시오.

$10a$ $6b$ $7a$ $\dfrac{11}{2}b$

10 분수 모양의 식을 계산하는 과정입니다. 빈칸을 알맞게 채우시오.

$$\frac{3x+5}{2} - \frac{-12x+36}{48}$$

$$= \frac{3x+5}{2} - \frac{\boxed{}}{4}$$

$$= \frac{\boxed{}x+10}{4} - \frac{\boxed{}}{4}$$

$$= \frac{\boxed{}x+10+\boxed{}}{4}$$

$$= \frac{\boxed{}x+\boxed{}}{4}$$

11 다음 식을 만족하는 상수 a, b의 값을 각각 구하시오.

$$3(2-9x)-\frac{11}{4}(4x-16)=ax+b$$

12 다음 식 중에서 <u>다른</u> 하나는?

① $\dfrac{8a+6}{24}$

② $\dfrac{4a+6}{12}$

③ $(8a+6)\times\dfrac{1}{24}$

④ $\dfrac{a}{3}+\dfrac{1}{4}$

⑤ $\dfrac{8}{24}a+\dfrac{6}{24}$

13 다음 식을 만족하는 ㉠과 ㉡에 대하여 ㉠×㉡ 의 값을 구하시오.

- $10xy=-2x\times\boxed{㉠}$
- $-3a=\dfrac{1}{2}a\times\boxed{㉡}$

14 다음 마름모의 넓이를 a에 대한 식으로 간단 히 나타내시오.

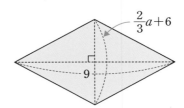

15 다음 식을 계산하여 간단히 나타내시오.

$$7a+15\times\frac{b}{3}-\frac{8a+20b}{2}$$

16 다음은 이웃한 두 블록에 적힌 식을 곱하여 위쪽에 놓인 블록에 적는 규칙으로 쌓아올린 모양입니다. (개)에 알맞은 식을 구하시오.

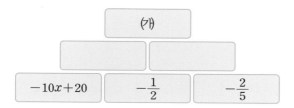

17 다음 식을 계산하여 간단히 나타내시오.

$$-3[-6a-\{-5b+3a+2(4b-a)\}]$$

18 다음 식을 만족하는 상수 a, b, c에 대하여 $a+b+c$의 값을 구하시오.

$$\frac{7x-2y}{6}+\frac{3x-z}{3}-\frac{x+y+z}{2}$$
$$=ax+by+cz$$

19 학교에서 단체로 박물관에 견학을 가려고 합니다. 선생님의 수는 x명이고, 학생 수는 선생님의 수의 3배보다 10명이 적다고 할 때, 박물관 입장료의 총액을 x에 대한 식으로 간단히 나타내시오.

구분	금액(원)
어른	2000
청소년/어린이	1000
5세 미만	무료

20 계산 결과에 알맞게 보기에서 두 식을 골라 빈 칸에 쓰시오.

┌ 보기 ┐
$x-3$ $2x-1$ $5x-2$

$(\boxed{})-3(\boxed{})=-x+1$

▶정답 및 해설 71쪽

21 [서술형 문제] A$=4x-3$, B$=-x+1$일 때, A$-$2B를 계산하시오.

┌─ 풀이 ─────────────────────────┐
│   │
│   │
│   │
│   │
│   │
│   │
│   │
│   │
└────────────────────────────────┘

22 [서술형 문제] x에 대한 일차식 A에 $3x-9$를 $\frac{1}{3}$배하여 더해야 할 것을 잘못해서 일차식 A에 $3x-9$를 3배하여 더했더니 $-x+2$가 되었습니다. 바르게 계산한 식을 구하시오.

┌─ 풀이 ─────────────────────────┐
│   │
│   │
│   │
│   │
│   │
│   │
│   │
│   │
└────────────────────────────────┘

23 [서술형 문제] 색칠한 부분의 넓이를 a를 사용한 식으로 나타내시오.

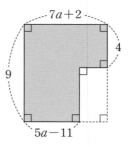

┌─ 풀이 ─────────────────────────┐
│   │
│   │
│   │
│   │
│   │
│   │
│   │
│   │
│   │
└────────────────────────────────┘

대수학

수 대신 문자를
쓰는 수학을
대수학이라고 해~

대수학은 수 대신에 문자를 사용하여 수의 관계나 성질, 계산 법칙을 연구하는 분야예요.

영어로는 Algebra라고 하는데, al-jabr라는 아랍어에서 유래한 말로 '항의 이동'을 의미해요.

대수학은 일반적으로 문제를 푸는 것과 관련되어 있어서, 사칙연산을 이용하여 x의 값을 찾거나 복잡한

식을 간단히 만드는 일을 합니다. 물론 이건 시작에 불과할 뿐, 이외에도 대수학을 이용해 더욱 많은

것을 할 수 있어요. 우리 친구들은 이제 막 대수학의 세계에 들어온 거예요. 환영해요~

짝수 : $2n$

홀수 : $2n + 1$

짝수, 홀수를
이렇게 표현할 수 있는 것도
다 대수학 덕분이야!

MEMO

MEMO

MEMO

중등수학

개념으로 한번에 내신 대비까지!

일차식의 계산

$a(b+c)$
$= ab+ac$

연산도
개념부터!

개념이 먼저다

정답 및 해설

정답 및 해설

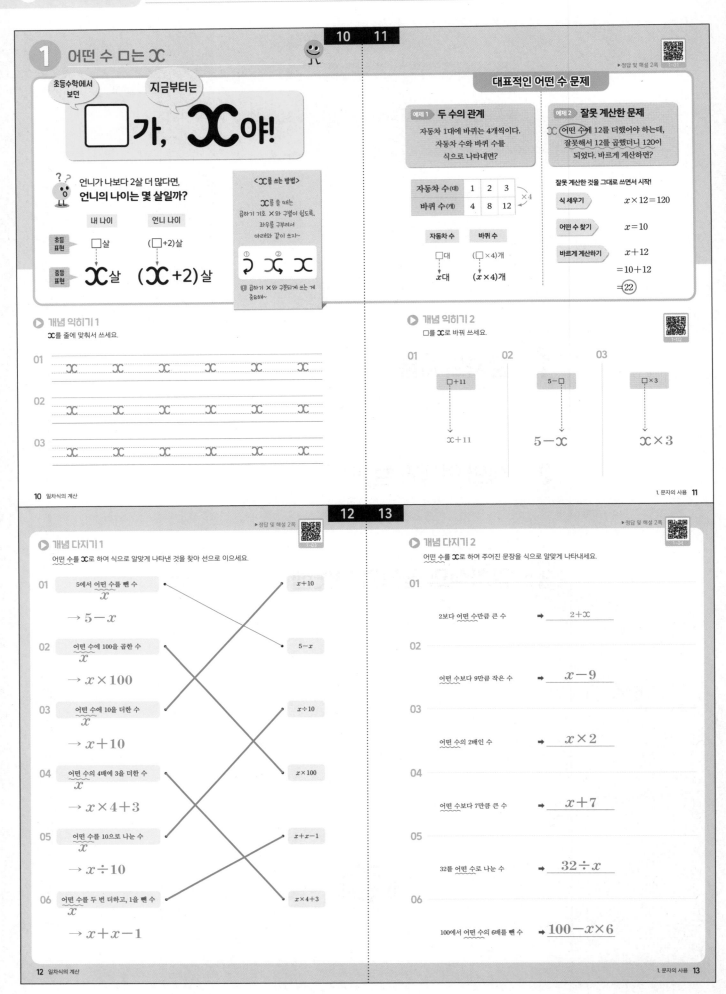

개념 마무리 1

x를 이용한 식을 알맞게 쓰세요.

01 언니의 나이가 x살일 때,
5살 어린 동생의 나이는 ($\boxed{x-5}$)살

언니 → 5살 어림 → 동생
x $x-5$

02 한 상자에 과자를 10개씩 담을 때,
x상자에 담은 과자는 ($\boxed{}$)개
$10 \times x$

10개 …… 10개
x상자

03 삼각형이 x개일 때,
삼각형의 변의 개수는 모두 ($\boxed{}$)개
$3 \times x$

삼각형 하나에
변은 3개
x개

04 길이가 x cm인 테이프를 4등분할 때,
한 도막의 길이는 ($\boxed{}$) cm
$x \div 4$

x cm

? cm

05 150쪽짜리 책을 x쪽 읽었을 때,
남은 쪽수는 ($\boxed{}$)쪽
$150 - x$

전체 150쪽
x쪽 읽음   ?

06 가로가 10 cm, 세로가 x cm인
직사각형의 둘레는 $\{2 \times (\boxed{})\}$ cm
$10 + x$

10 cm
x cm

개념 마무리 2

어떤 수를 x로 하여 다음 문장을 식으로 쓰고, 어떤 수를 구하세요.

01 어떤 수에 7을 곱했더니 42가 되었다.
x
식 $x \times 7 = 42$ 답   6

02 어떤 수에서 11을 뺐더니 5가 되었다.
x
식 $x - 11 = 5$ 답   16
→ $x = 5 + 11 = 16$

03 123을 어떤 수로 나누었더니 몫이 3으로 나누어떨어졌다.
x
식 $123 \div x = 3$ 답   41
→ $x = 123 \div 3 = 41$

04 20에 어떤 수를 곱했더니 8의 5배와 같았다.
x
식 $20 \times x = 8 \times 5$ 답   2
$20 \times x = 40$ → $x = 40 \div 20 = 2$

05 60과 어떤 수를 더하고, 다시 50을 뺐더니 21이 되었다.
x
식 $60 + x - 50 = 21$ 답   11
$10 + x = 21$ → $x = 21 - 10 = 11$

06 어떤 수와 어떤 수보다 2만큼 큰 수를 합하면 30이다.
x $x+2$
식 $x + x + 2 = 30$ 답   14
$x + x = 28$

2 문자의 사용

버스에 사람들이 타고 있어~

승객 □ 명   승객 △ 명
x명 y명

두 버스에 타고 있는 승객은
모두 몇 명일까?
초등 표현 (□ + △)명
중등 표현 ($x + y$)명

만약에 버스가 더 있다면,
또 다른 도형이나
알파벳이 필요하겠지!

승객 ♡ 명
z명

버스가 한 대 더 있다면
승객은 모두 몇 명일까?
초등 표현 (□ + △ + ♡)명
중등 표현 ($x + y + z$)명

식에 나오는 영어 알파벳을
문자 라고 해~

$x + y + z$

문자는 주로
알파벳 소문자를 이용하고,
어떤 수를 뜻해.

사용할 문자는
$x, y, z, a, b, \cdots$ 등
마음대로 골라서 써도 돼!

어떤 두 수를 더한다.
$x + y$
서로 다른 수를 나타낼 때는 다른 문자를 사용해!

같은 수를 3번 더한다.
$x + x + x$
같은 수는 같은 문자로 쓰면 돼!

2만큼 차이 나는 두 수
$x, \; x-2$ (또는 $x, x+2$)
두 수의 차이는 2
서로 관계가 있는 두 수는 한 문자로 쓸 수 있어!

개념 익히기 1

□, △, ♡를 중등 표현으로 바꿀 때, 같은 것끼리 연결하세요.

01 □ + △ - ♡ ——— $x + y$

02 □ + △ ——— $x \div z$

03 □ ÷ ♡ ——— $x + y - z$

개념 익히기 2

다음 설명이 옳으면 ○표, 틀리면 ×표 하세요.

01
식에 나오는 영어 알파벳을 문자라고 한다. (○)

02
2개의 문자를 사용해야 할 때는 항상 x, y만 써야 한다. (×)
→ 알파벳 중에서 어떤 것을 써도 됩니다.

03
서로 관계가 있는 두 수라도 항상 다른 두 가지 문자를 써야 한다. (×)
→ 서로 관계가 있는 두 수는 문자 하나로 쓸 수 있습니다.

정답 및 해설   **3**

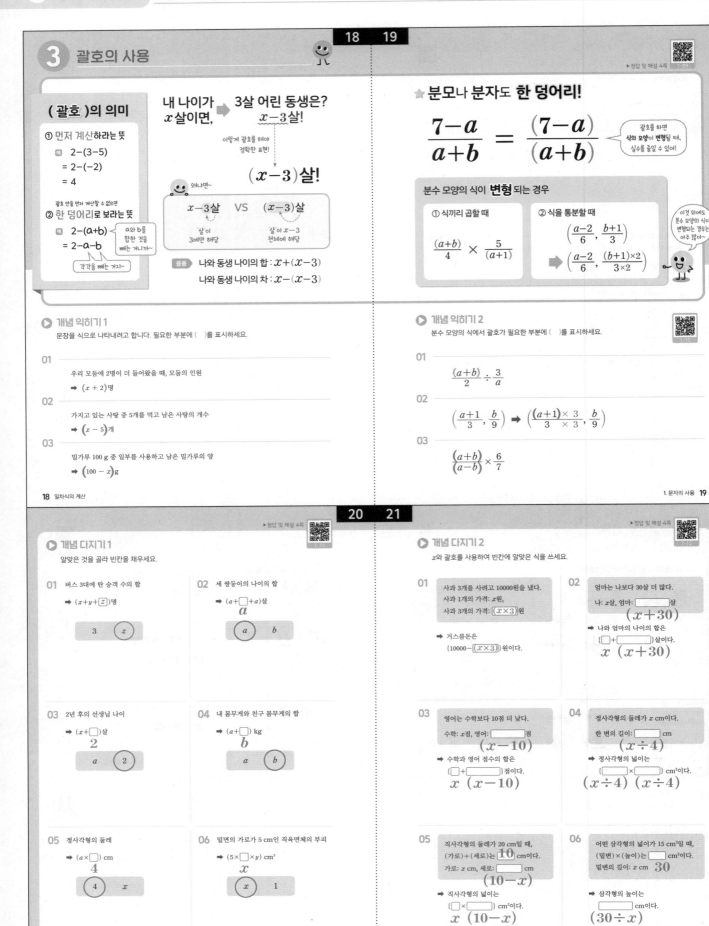

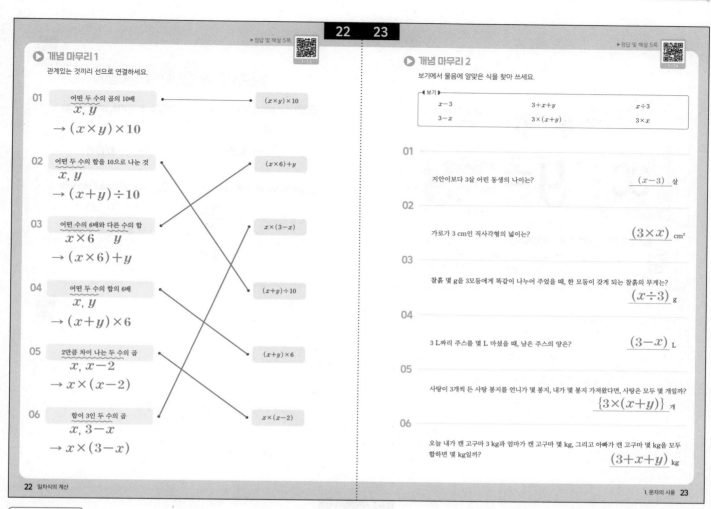

 23쪽 풀이

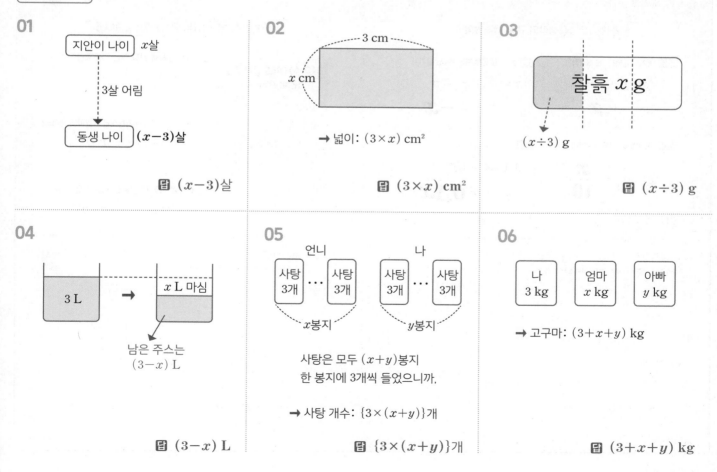

4 곱셈 기호 ×의 생략 (1)

▶정답 및 해설 6쪽

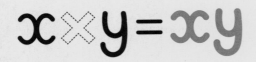

곱셈 기호 ✗ 생략의 규칙 **기본 규칙**

규칙① 수는 문자 앞에 쓰기

$$x \times (-4)$$
$$= -4x$$

규칙② 문자끼리는 알파벳 순서로!

$$a \times c \times b$$
$$= abc$$

규칙③ 분모가 없으면, 분모를 1로 보기

$$a \times \frac{2}{3} = \frac{a}{1} \times \frac{2}{3} = \frac{2a}{3}$$

분수도 수니까, 문자 앞에 써도 돼. $= \frac{2}{3}a$

규칙④ 수와 문자는 괄호보다 앞에~

$$(x+y) \times a \times 2$$
$$= 2a(x+y)$$

수 　 문자 　 괄호

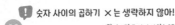

숫자 사이의 곱하기 ✗ 는 생략하지 않아!

$2 \times 3 \longrightarrow 23$

이렇게 쓰면 두 자리 자연수 23처럼 보이니까 안 되겠지? 이럴 땐 계산해서 6으로 쓰거나 ✗ 대신 · 을 찍어서 2·3으로 써~

▶ **개념 익히기 1**

○ 안에 알맞은 연산 기호를 쓰세요.

01

$a \bigotimes b = ab$

02

$x \bigotimes y = xy$

03

$3 \bigotimes 4 = 12$

▶ **개념 익히기 2**

곱셈 기호 ×를 생략하여 규칙에 따라 쓰세요.

01

$c \times a \times b = abc$

02

$d \times \frac{11}{7} = \frac{11d}{7} \quad \left(\text{또는 } \frac{11}{7}d\right)$

03

$(-6) \times x = -6x$

5 곱셈 기호 ×의 생략 (2)

▶정답 및 해설 6쪽

곱셈 기호 ✗ 생략의 규칙 **1의 생략**

규칙① 문자와 곱해진 1은 생략하기

$$x \times 1 = 1x$$
$$= x$$

규칙② −1을 곱할 때는 부호만 남기기

$$x \times (-1) = -1x$$
$$= -x$$

규칙③ 분자에 있는 1도 생략하기

$$x \times \frac{1}{10} = \frac{x}{10}$$

$\frac{1}{10}$을 수로 보고 $\frac{1}{10}x$로 써도 돼~

주의 $0.x$라고는 쓰지 않아!

$$0.1 \times x = 0.x$$
$$= 0.1x$$

곱셈 기호 ✗ 생략의 규칙 **같은 문자의 곱**

같은 숫자끼리 곱할 때는 거듭제곱으로 썼지~

① 2를 3번 곱하면,
➡ $2 \times 2 \times 2 = 2^3$

② 2를 4번 곱한 것에 3을 2번 곱하면,
➡ $2 \times 2 \times 2 \times 2 \times 3 \times 3$
$= 2^4 \times 3^2$

⭐ 같은 문자를 곱할 때는 거듭제곱!
$$x \times x \times x = x^3$$

⭐ 여러 가지 문자의 거듭제곱도 알파벳 순서로!
$$y \times y \times x \times x \times x = x^3 y^2$$

⭐ ( )가 여러 번 곱해질 때도 거듭제곱!
$$(a+b) \times (a+b) = (a+b)^2$$

▶ **개념 익히기 1**

곱셈 기호 ×를 생략하여 규칙에 따라 쓰세요.

01

$a \times (-1) = -a$

02

$b \times 1 = b$

03

$y \times 0.1 = 0.1y$

▶ **개념 익히기 2**

곱셈 기호 ×를 생략하여 규칙에 따라 쓰세요.

01

$b \times b \times b \times b = b^4$

02

$x \times y \times x \times y = xy^3$

03

$a \times b \times a \times b \times b = a^2 b^3$

개념 다지기 1

수에 ○표 하고, 곱셈 기호 ×를 생략하여 쓰세요.

01 $b \times \boxed{\frac{1}{20}} = \frac{b}{20}$ 또는 $\frac{1}{20}b$

02 $\boxed{\left(-\frac{1}{3}\right)} \times a = -\frac{a}{3}$

또는 $-\frac{1}{3}a$

03 $x \times \boxed{(-1)} = -x$

04 $b \times \boxed{\left(-\frac{9}{2}\right)} = -\frac{9b}{2}$

또는 $-\frac{9}{2}b$

05 $\boxed{\frac{5}{8}} \times y = \frac{5y}{8}$

또는 $\frac{5}{8}y$

06 $x \times \boxed{\frac{1}{10}} \times \boxed{(-1)} = -\frac{x}{10}$

또는 $-\frac{1}{10}x$

28 일차식의 계산

▶정답 및 해설 7쪽

개념 다지기 2

괄호로 묶인 식에 ○표 하고, 곱셈 기호 ×를 생략하여 쓰세요.

01 $\boxed{(x-y)} \times \boxed{(x-y)} \times 2 \times z = 2z(x-y)^2$

02 $\boxed{(x+y)} \times 8 = 8(x+y)$

03 $a \times \boxed{(x+y)} = a(x+y)$

04 $5 \times \boxed{(a+b)} \times c = 5c(a+b)$

05 $\boxed{(a+b)} \times 3 \times \boxed{(a+b)} = 3(a+b)^2$

06 $-a \times 1 \times \boxed{(a-b)} \times \boxed{(a-b)} = -a(a-b)^2$

1. 문자의 사용 29

개념 마무리 1

곱셈 기호 ×를 생략하여 쓰세요.

01 $(a-b) \times 0.1 \times x$
$= 0.1x(a-b)$

02 $y \times x \times 1 \times y$
$= xy^2$

03 $\frac{1}{3} \times (x+y) \times (x+y)$
$= \frac{(x+y)^2}{3}$

또는

$\frac{1}{3}(x+y)^2$

04 $a \times (-3) \times 2 \times b$
$= -6ab$

05 $c \times b \times b \times (a+c)$
$= b^2c(a+c)$

06 $(-0.1) \times a \times a \times (a+b) \times b$
$= -0.1a^2b(a+b)$

30 일차식의 계산

▶정답 및 해설 7쪽

개념 마무리 2

주어진 식을 간단히 나타냈을 때 나머지와 다른 하나를 찾아 ○표 하세요.

01

$a \times (-1) = -a$

$-a$

$\boxed{a-1}$

02

$6 \times x \times 4 \times y = 24xy$

$\boxed{2 \times 4 \times y \times x = 8xy}$

$y \times x \times (-12) \times (-2) = 24xy$

03

$x \times (a+b) \times 2 = 2x(a+b)$

$(a+b) \times 2 \times x = 2x(a+b)$

$\boxed{x \times 1 \times 1 \times (a+b) = x(a+b)}$

04

$\boxed{-a \times a \times (-2) \times a = 2a^3}$

$2 \times a \times (-1) \times a \times a = -2a^3$

$(-2) \times a \times a \times a = -2a^3$

05

$\frac{1}{2}c(a+b)^2 = c \times (a+b)^2 \times \frac{1}{2}$

$= \frac{1}{2}c^2(a+b)$

$\boxed{(a+b) \times \frac{1}{2} \times c \times c}$

$\frac{1}{2} \times c \times (b+a) \times (a+b)$

$= \frac{1}{2}c(a+b)^2$

06

$x \times y \times z \times x = x^2yz$

$\boxed{x \times y \times z \times z = xyz^2}$

$x \times x \times z \times y = x^2yz$

1. 문자의 사용 31

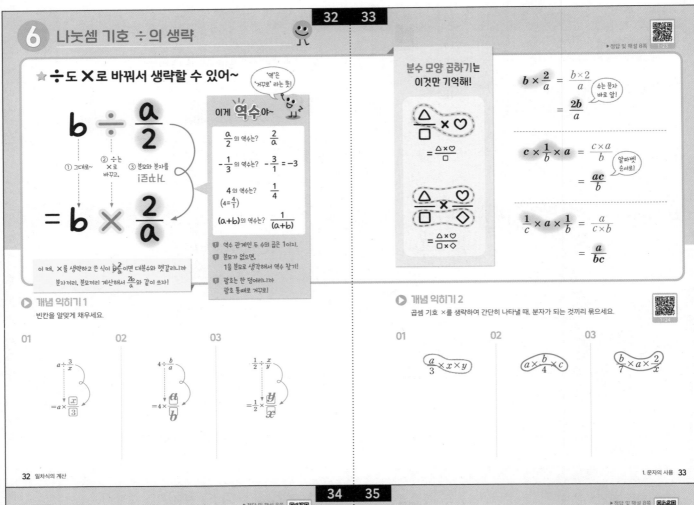

6 나눗셈 기호 ÷의 생략

★ ÷도 ×로 바꿔서 생략할 수 있어~

개념 익히기 1

빈칸을 알맞게 채우세요.

01 $a \div \dfrac{3}{x} = a \times \boxed{\dfrac{x}{3}}$

02 $4 \div \dfrac{b}{a} = 4 \times \boxed{\dfrac{a}{b}}$

03 $\dfrac{1}{2} \div \dfrac{x}{y} = \dfrac{1}{2} \times \boxed{\dfrac{y}{x}}$

개념 익히기 2

곱셈 기호 ×를 생략하여 간단히 나타낼 때. 분자가 되는 것끼리 묶으세요.

01 $\dfrac{a}{3} \times x \times y$

02 $a \times \dfrac{b}{4} \times c$

03 $\dfrac{b}{7} \times a \times \dfrac{2}{x}$

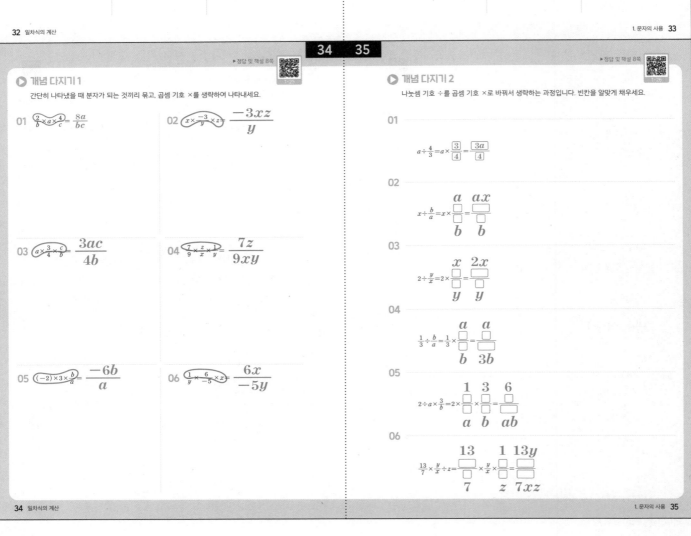

개념 다지기 1

간단히 나타냈을 때 분자가 되는 것끼리 묶고, 곱셈 기호 ×를 생략하여 나타내세요.

01 $\dfrac{2}{b} \times a \times \dfrac{4}{c} = \dfrac{8a}{bc}$

02 $x \times \dfrac{-3}{y} \times z = \dfrac{-3xz}{y}$

03 $a \times \dfrac{3}{4} \times \dfrac{c}{b} = \dfrac{3ac}{4b}$

04 $\dfrac{7}{9} \times \dfrac{z}{x} \times \dfrac{1}{y} = \dfrac{7z}{9xy}$

05 $(-2) \times 3 \times \dfrac{b}{a} = \dfrac{-6b}{a}$

06 $\dfrac{1}{y} \times \dfrac{6}{-5} \times x = \dfrac{6x}{-5y}$

개념 다지기 2

나눗셈 기호 ÷를 곱셈 기호 ×로 바꿔서 생략하는 과정입니다. 빈칸을 알맞게 채우세요.

01 $a \div \dfrac{4}{3} = a \times \boxed{\dfrac{3}{4}} = \boxed{\dfrac{3a}{4}}$

02 $x \div \dfrac{b}{a} = x \times \boxed{\dfrac{a}{b}} = \boxed{\dfrac{ax}{b}}$

03 $2 \div \dfrac{y}{x} = 2 \times \boxed{\dfrac{x}{y}} = \boxed{\dfrac{2x}{y}}$

04 $\dfrac{1}{3} \div \dfrac{b}{a} = \dfrac{1}{3} \times \boxed{\dfrac{a}{b}} = \boxed{\dfrac{a}{3b}}$

05 $2 \div a \times \dfrac{3}{b} = 2 \times \boxed{\dfrac{1}{a}} \times \boxed{\dfrac{3}{b}} = \boxed{\dfrac{6}{ab}}$

06 $\dfrac{13}{7} \times \dfrac{y}{x} \div z = \boxed{\dfrac{13}{7}} \times \boxed{\dfrac{1}{z}} = \boxed{\dfrac{13y}{7xz}}$

개념 마무리 1

나눗셈식을 곱셈식으로 바꿔 쓰세요.

01 $x \div \frac{(a+b)}{5}$

➡ $x \times \frac{5}{(a+b)}$

02 $a \div \frac{b}{3}$

➡ $a \times \frac{3}{b}$

03 $z \div \left(-\frac{1}{x}\right)$

➡ $z \times (-x)$

04 $x \div \left(-\frac{b}{a}\right)$

➡ $x \times \left(-\frac{a}{b}\right)$

05 $b \div \frac{1}{(a+1)}$

➡ $b \times (a+1)$

06 $x \div (y+z)$

➡ $x \times \frac{1}{(y+z)}$

개념 마무리 2

나눗셈 기호 $\div$와 곱셈 기호 $\times$를 생략하여 간단히 쓰세요.

01

$$a \div \frac{y}{x} \times 6 = a \times \frac{x}{y} \times 6 = \frac{6ax}{y}$$

02

$$a \times b \div \frac{3}{4} = a \times b \times \frac{4}{3} = \frac{4ab}{3}$$

03

$$5 \times (b+1) \div a = 5 \times (b+1) \times \frac{1}{a} = \frac{5(b+1)}{a}$$

04

$$a \div b \times \frac{1}{2} = a \times \frac{1}{b} \times \frac{1}{2} = \frac{a}{2b}$$

05

$$x \div \frac{1}{(y+1)} \times 4 = x \times (y+1) \times 4 = 4x(y+1)$$

06

$$(y+5) \div 2 \times x = (y+5) \times \frac{1}{2} \times x = \frac{x(y+5)}{2}$$

7 복잡한 식을 간단히 하기

괄호가 없으면?
앞에서부터 계산

$$a \div b \div c$$

$$= a \times \frac{1}{b} \times \frac{1}{c}$$

$$= \frac{a}{bc}$$

괄호가 있으면?
괄호부터 계산

$$a \div (b \div c)$$

$$= a \div \left(b \times \frac{1}{c}\right)$$

$$= a \div \frac{b}{c}$$

$$= a \times \frac{c}{b}$$

$$= \frac{ac}{b}$$

괄호가 있는 것과 없는 것의 결과가 다르네…

+, −, ×, ÷가 섞여 있으면?
×, ÷는 생략! +, −는 그대로!

$$a \otimes 5 - 4 \div (x+y)$$
생략!   ×로 바꿔서

괄호는 한 덩어리로 생각하기~

$$= 5a - 4 \otimes \frac{1}{(x+y)}$$
생략!

$$= 5a - \frac{4}{(x+y)}$$

이게 계산 끝!

개념 익히기 1

괄호 안의 나눗셈 기호 $\div$를 곱셈 기호 $\times$로 바꿔서 빈칸을 채우세요.

01 $x \div (y \div x)$

$= x \div \left(y \otimes \frac{1}{\boxed{x}}\right)$

02 $5 \div (a \div b)$

$= 5 \div \left(a \otimes \dfrac{1}{\boxed{}}\right)$
b

03 $(a \div b) \div c$

$= \left(a \otimes \dfrac{1}{\boxed{}}\right) \div c$
b

개념 익히기 2

생략할 수 없는 기호에 ○표 하세요.

01

$a \times 5 \ominus 11 \div b$

02

$3 \div x \oplus 2 \times y$

03

$7 \oplus 8 \times b \div a$

▶정답 및 해설 10쪽

▶ 개념 다지기 1

빈칸을 채워서 계산하세요.

01 $5 \div \left(\dfrac{b}{a} \times 3 \right)$

$= 5 \div \dfrac{\boxed{3b}}{a}$

$= 5 \times \dfrac{a}{\boxed{3b}}$

$= \dfrac{\boxed{5a}}{\boxed{3b}}$

02 $x \div \dfrac{2}{3} \div y$

$= x \times \dfrac{\boxed{3}}{2} \times \dfrac{1}{\boxed{y}}$

$= \dfrac{\boxed{3x}}{\boxed{2y}}$

03 $x \times y \div z$

$= x \times y \times \dfrac{1}{\boxed{z}}$

$= \dfrac{\boxed{xy}}{\boxed{z}}$

04 $(a \div b) \times c$

$= \left(a \times \dfrac{1}{\boxed{b}} \right) \times c$

$= \dfrac{a}{\boxed{b}} \times c$

$= \dfrac{\boxed{ac}}{\boxed{b}}$

05 $\left(\dfrac{1}{x} \times y \right) \div \dfrac{z}{5}$

$= \dfrac{y}{\boxed{x}} \div \dfrac{\boxed{z}}{5}$

$= \dfrac{y}{\boxed{x}} \times \dfrac{5}{\boxed{z}}$

$= \dfrac{\boxed{5y}}{\boxed{xz}}$

06 $a \times \dfrac{3}{b} \div \dfrac{1}{c}$

$= a \times \dfrac{3}{b} \times \boxed{c}$

$= \dfrac{\boxed{3ac}}{\boxed{b}}$

▶정답 및 해설 10쪽

▶ 개념 다지기 2

다음 식에서 생략할 수 있는 기호를 찾아 ○표 하고, 생략한 식으로 쓰세요.

01 $3 \div x + 2$

↓

$\dfrac{3}{x} + 2$

$3 \div x + 2 = 3 \times \dfrac{1}{x} + 2$

$\qquad = \dfrac{3}{x} + 2$

02 $a + 2 \ⓧ\ b - c$

↓

$a + 2b - c$

03 $x - y \ⓓⓘⓥ\ z$

↓

$x - \dfrac{y}{z}$

$x - y \div z = x - y \times \dfrac{1}{z}$

$\qquad\quad = x - \dfrac{y}{z}$

04 $a \ⓓⓘⓥ\ \dfrac{2}{b} + 7$

↓

$\dfrac{ab}{2} + 7$

$a \div \dfrac{2}{b} + 7 = a \times \dfrac{b}{2} + 7$

$\qquad\qquad = \dfrac{ab}{2} + 7$

05 $x \ⓧ\ y + z$

↓

$xy + z$

06 $0.1 - a + 2 \ⓧ\ b$

↓

$0.1 - a + 2b$

▶정답 및 해설 10쪽

▶ 개념 마무리 1

생략할 수 있는 기호를 생략하여 식을 간단히 나타내세요.

01

$b \times 3 \div a + c = b \times 3 \times \dfrac{1}{a} + c = \dfrac{3b}{a} + c$

02

$a \times b \div c + 10 = a \times b \times \dfrac{1}{c} + 10 = \dfrac{ab}{c} + 10$

03

$x \times (y+3) - 3 \div z = x(y+3) - 3 \times \dfrac{1}{z} = x(y+3) - \dfrac{3}{z}$

04

$x \times x + (x+y) \times y = x^2 + y(x+y)$

05

$11 \times \dfrac{1}{a} \times b - \dfrac{b}{a} \div c = \dfrac{11b}{a} - \dfrac{b}{a} \times \dfrac{1}{c} = \dfrac{11b}{a} - \dfrac{b}{ac}$

06

$a \times (b+7) - a \div \left(b \div \dfrac{1}{c} \right) = a(b+7) - \dfrac{a}{bc}$

$\boxed{42쪽 풀이}$

06 $\quad a \times (b+7) - a \div \left(b \div \dfrac{1}{c} \right)$

$= a(b+7) - a \div (b \times c)$

$= a(b+7) - a \div bc$

$= a(b+7) - a \times \dfrac{1}{bc}$

$= a(b+7) - \dfrac{a}{bc}$

01

주어진 식: $\dfrac{ab}{c}$

$$a \div b \div c$$
$$= a \times \dfrac{1}{b} \times \dfrac{1}{c}$$
$$= \dfrac{a}{bc}$$

$$a \times b \div c$$
$$= a \times b \times \dfrac{1}{c}$$
$$= \dfrac{ab}{c}$$

$$a \div b \times c$$
$$= a \times \dfrac{1}{b} \times c$$
$$= \dfrac{ac}{b}$$

02

주어진 식: abc

$$a \times b \times c$$
$$= abc$$

$$a \div \left(\dfrac{1}{b} \div \dfrac{1}{c}\right)$$
$$= a \div \left(\dfrac{1}{b} \times c\right)$$
$$= a \div \dfrac{c}{b}$$
$$= a \times \dfrac{b}{c}$$
$$= \dfrac{ab}{c}$$

$$a \times c \div \dfrac{1}{b}$$
$$= a \times c \times b$$
$$= abc$$

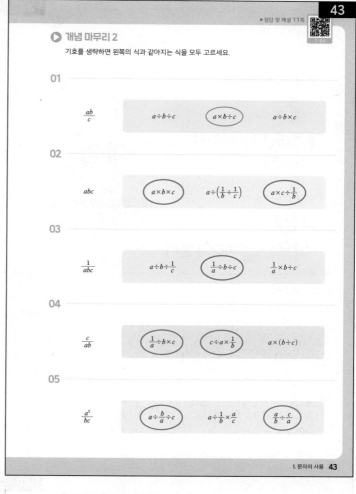

개념 마무리 2

기호를 생략하면 왼쪽의 식과 같아지는 식을 모두 고르세요.

01 $\dfrac{ab}{c}$: $a \div b \div c$ | ⟨$a \times b \div c$⟩ | $a \div b \times c$

02 abc : ⟨$a \times b \times c$⟩ | $a \div \left(\dfrac{1}{b} \div \dfrac{1}{c}\right)$ | ⟨$a \times c \div \dfrac{1}{b}$⟩

03 $\dfrac{1}{abc}$: $a \div b \div \dfrac{1}{c}$ | ⟨$\dfrac{1}{a} \div b \div c$⟩ | $\dfrac{1}{a} \times b \div c$

04 $\dfrac{c}{ab}$: ⟨$\dfrac{1}{a} \div b \times c$⟩ | ⟨$c \div a \times \dfrac{1}{b}$⟩ | $a \times (b \div c)$

05 $\dfrac{a^2}{bc}$: ⟨$a \div \dfrac{b}{a} \div c$⟩ | $a \div \dfrac{1}{b} \times \dfrac{a}{c}$ | ⟨$\dfrac{a}{b} \div \dfrac{c}{a}$⟩

1. 문자의 사용 **43**

03

주어진 식: $\dfrac{1}{abc}$

$$a \div b \div \dfrac{1}{c}$$
$$= a \times \dfrac{1}{b} \times c$$
$$= \dfrac{ac}{b}$$

$$\dfrac{1}{a} \div b \div c$$
$$= \dfrac{1}{a} \times \dfrac{1}{b} \times \dfrac{1}{c}$$
$$= \dfrac{1}{abc}$$

$$\dfrac{1}{a} \times b \div c$$
$$= \dfrac{1}{a} \times b \times \dfrac{1}{c}$$
$$= \dfrac{b}{ac}$$

04

주어진 식: $\dfrac{c}{ab}$

$$\dfrac{1}{a} \div b \times c$$
$$= \dfrac{1}{a} \times \dfrac{1}{b} \times c$$
$$= \dfrac{c}{ab}$$

$$c \div a \times \dfrac{1}{b}$$
$$= c \times \dfrac{1}{a} \times \dfrac{1}{b}$$
$$= \dfrac{c}{ab}$$

$$a \times (b \div c)$$
$$= a \times \left(b \times \dfrac{1}{c}\right)$$
$$= a \times \dfrac{b}{c}$$
$$= \dfrac{ab}{c}$$

05

주어진 식: $\dfrac{a^2}{bc}$

$$a \div \dfrac{b}{a} \div c$$
$$= a \times \dfrac{a}{b} \times \dfrac{1}{c}$$
$$= \dfrac{a^2}{bc}$$

$$a \div \dfrac{1}{b} \times \dfrac{a}{c}$$
$$= a \times b \times \dfrac{a}{c}$$
$$= \dfrac{a^2 b}{c}$$

$$\dfrac{a}{b} \div \dfrac{c}{a}$$
$$= \dfrac{a}{b} \times \dfrac{a}{c}$$
$$= \dfrac{a^2}{bc}$$

8 식의 값

▶정답 및 해설 12쪽

문자가 있는 식에서
문자의 값을 알면?

⬇

문자 **대신** 수를 **넣어서**
계산하면 되지!

⬇

그 값을

식의 값 이라고 불러~

대신 넣는 것을
대입이라고 해~

대 입
대신　넣다

식에서,
문자 대신 어떤
수로 바꾸어 넣는 것

문제 $x=-5$ 일 때,
$-4x+x^2$ 의 값은?

풀이
$-4x+x^2$
$=-4\times x+x^2$
$=-4\times(\ \ \ )+(\ \ \ )^2$
$=-4\times(-5)+(-5)^2$
$=20+25$
$=45$

식의 값을 구하는 방법

1단계
생략된 곱셈 기호가 있으면
곱셈 기호 ×를 다시 쓰기
*거듭제곱은 그대로!

2단계
문자가 있던 자리에
문자 대신 괄호를 쓰기

3단계
괄호에 주어진 수를
대입하여 계산하기

▷ **개념 익히기 1**

$a=10$일 때, 다음 식의 값을 구하세요.

01
$3\div a$
⬍
10
➡ $\dfrac{3}{10}$

02
$20+a$
⬍
10
➡ **30**

03
a^2
⬍
10
➡ **100**

▷ **개념 익히기 2**

주어진 식에서 생략된 곱셈 기호 ×를 다시 써서 나타내세요.

01
$-5x+12y$
$=(-5)\times x+12\times y$

02
$4xy$
$=4\times x\times y$

03
$2a(b-c)$
$=2\times a\times(b-c)$

▶정답 및 해설 12쪽

▷ **개념 다지기 1**

생략된 곱셈 기호 ×는 다시 쓰고, 문자 a 대신 괄호( )를 쓰세요.

01 $-2a^2+3a$
$=-2\times a^2+3\times a$
$=-2\times(\ \ \ )^2+3\times(\ \ \ )$

02 $5-a$
$=5-(\ \ \ )$

03 $4a-11$
$=4\times a-11$
$=4\times(\ \ \ )-11$

04 $6-a^2$
$=6-(\ \ \ )^2$

05 $a-\dfrac{1}{3}a^2$
$=a-\dfrac{1}{3}\times a^2$
$=(\ \ \ )-\dfrac{1}{3}\times(\ \ \ )^2$

06 $\dfrac{1}{2}a^3-7a$
$=\dfrac{1}{2}\times a^3-7\times a$
$=\dfrac{1}{2}\times(\ \ \ )^3-7\times(\ \ \ )$

▶정답 및 해설 12쪽

▷ **개념 다지기 2**

빈칸을 알맞게 채우고, 식의 값을 구하세요.

01 $\boxed{a=-10}$
$-14a-a^2$
$=-14\times(\boxed{-10})-(\boxed{-10})^2$
$=140-100$
$=40$

02 $\boxed{a=3}$
$-a-3$
$=-(\boxed{3})-3$
$=-6$

03 $\boxed{x=6}$
$20-9x$
$=20-9\times(\boxed{6})$
$=20-54$
$=-34$

04 $\boxed{b=-4}$
$-\dfrac{1}{2}b+19$
$=-\dfrac{1}{2}\times(\boxed{-4})+19$
$=2+19$
$=21$

05 $\boxed{y=-2}$
$-6y-y^2+8$
$=-6\times(-2)-(-2)^2+8$
$=12-4+8$
$=16$

06 $\boxed{c=\dfrac{3}{5}}$
$10c-25c^2$
$=\overset{2}{\cancel{10}}\times\left(\dfrac{3}{5}\right)-25\times\left(\dfrac{3}{5}\right)^2$
$=6-\overset{1}{\cancel{25}}\times\dfrac{9}{\underset{1}{\cancel{25}}}$
$=6-9$
$=-3$

▶ 개념 마무리 1

$a=4$, $b=-6$일 때, 다음 식의 값을 구하세요.

01　$a^2-b=22$

$(4)^2-(-6)$

$=16+6$

$=22$

02　$5a-3b$

$=5\times(4)-3\times(-6)$

$=20-(-18)$

$=20+18$

$=38$

03　$-a^2+b^2$

$=-(4)^2+(-6)^2$

$=-16+36$

$=20$

04　$7ab$

$=7\times(4)\times(-6)$

$=-168$

05　$-2ab+\dfrac{1}{2}b^2$

$=-2\times(4)\times(-6)+\dfrac{1}{2}\times(-6)^2$

$=48+\dfrac{1}{\cancel{2}}\times\cancel{36}^{18}$

$=48+18$

$=66$

06　$a^2-b+2ab$

$=(4)^2-(-6)+2\times(4)\times(-6)$

$=16+6-48$

$=-26$

▶ 개념 마무리 2

물음에 답하세요.

01 화씨온도 x °F를 섭씨온도($°C$)로 나타내면 $\frac{5}{9}(x-32)$ °C입니다. 화씨온도 -4 °F일 때, 섭씨온도를 구하세요.

-4를 대입

$$\frac{5}{9} \times \{(-4)-32\}$$

$$=\frac{5}{\overset{}{9}} \times (-\overset{4}{36})$$
$$\underset{1}{}$$

$$=-20$$

답: -20 °C

02 키가 x cm인 사람에게 적당한 의자의 높이는 $0.25x$ cm이고, 책상의 높이는 $0.4x$ cm라고 할 때, 키가 140 cm인 사람에게 적당한 의자와 책상의 높이를 각각 구하세요.

x에 140 대입

의자: $0.25x \rightarrow 0.25 \times (140)$
$$=35$$

책상: $0.4x \rightarrow 0.4 \times (140)$
$$=56$$

답: 의자: **35 cm**, 책상: **56 cm**

03 어떤 로봇이 x시간 동안 $(18.5x+5.6)$ km만큼 이동합니다. 이 로봇이 2시간 동안 이동한 거리를 구하세요. x에 2 대입

$$18.5x+5.6$$
$$\rightarrow 18.5 \times (2)+5.6$$
$$=37+5.6$$
$$=42.6$$

답: **42.6 km**

04 지면에서부터 높이가 x km인 곳의 기온이 $(18-6x)$ °C라고 합니다. 지면에서부터 높이가 $\frac{4}{3}$ km인 곳의 기온을 구하세요.

x에 $\frac{4}{3}$ 대입

$$18-6x$$
$$\rightarrow 18-\overset{2}{6} \times \left(\frac{4}{\overset{}{3}}\right)$$
$$\underset{1}{}$$
$$=18-8$$
$$=10$$

답: **10 °C**

05 한 권에 x원짜리 책을 5권 사면 2000원 할인을 받아 $(5x-2000)$원에 살 수 있습니다. 15000원짜리 책을 5권 샀을 때 얼마에 살 수 있는지 구하세요.

x에 15000 대입

$$5x-2000$$
$$\rightarrow 5 \times (15000)-2000$$
$$=75000-2000$$
$$=73000$$

답: **73000원**

06 키가 x cm인 사람의 표준 체중은 $0.9(x-100)$ kg입니다. 키가 145 cm인 사람의 표준 체중을 구하세요. x에 145 대입

$$0.9(x-100)$$
$$\rightarrow 0.9 \times \{(145)-100\}$$
$$=0.9 \times 45$$
$$=40.5$$

답: **40.5 kg**

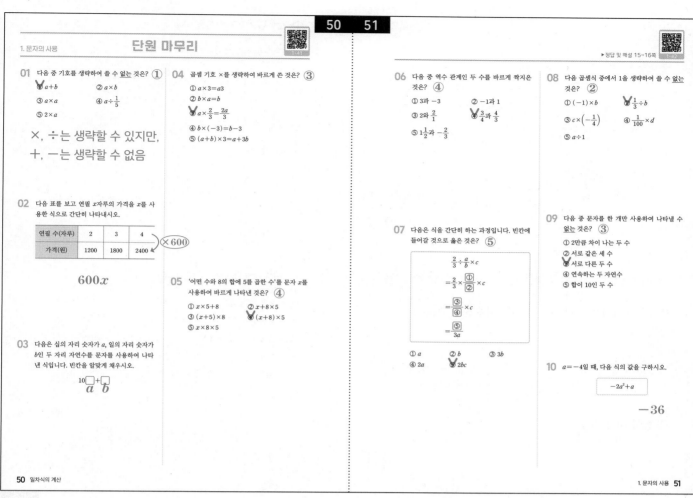

1. 문자의 사용　　　**단원 마무리**

▶정답 및 해설 15~16쪽

01 다음 중 기호를 생략하여 쓸 수 없는 것은? ①
① $a+b$　② $a \times b$
③ $a \times a$　④ $a \div \frac{1}{5}$
⑤ $2 \times a$

$\times$, $\div$는 생략할 수 있지만,
$+$, $-$는 생략할 수 없음

02 다음 표를 보고 연필 x자루의 가격을 x를 사용한 식으로 간단히 나타내시오.

연필 수(자루)	2	3	4	$\times 600$
가격(원)	1200	1800	2400	

$600x$

03 다음은 십의 자리 숫자가 a, 일의 자리 숫자가 b인 두 자리 자연수를 문자를 사용하여 나타낸 식입니다. 빈칸을 알맞게 채우시오.

$10\boxed{}+\boxed{}$
$\quad a \quad\quad b$

04 곱셈 기호 $\times$를 생략하여 바르게 쓴 것은? ③
① $a \times 3 = a3$
② $b \times a = b$
③ $a \times \frac{2}{3} = \frac{2a}{3}$
④ $b \times (-3) = b-3$
⑤ $(a+b) \times 3 = a+3b$

05 '어떤 수와 8의 합에 5를 곱한 수'를 문자 x를 사용하여 바르게 나타낸 것은? ④
① $x \times 5 + 8$　② $x + 8 \times 5$
③ $(x+5) \times 8$　④ $(x+8) \times 5$
⑤ $x \times 8 \times 5$

06 다음 중 역수 관계인 두 수를 바르게 짝지은 것은? ④
① 3과 -3　② -1과 1
③ 2와 $\frac{2}{1}$　④ $\frac{3}{4}$과 $\frac{4}{3}$
⑤ $1\frac{1}{2}$과 $-\frac{2}{3}$

07 다음은 식을 간단히 하는 과정입니다. 빈칸에 들어갈 것으로 옳은 것은? ⑤

$$\frac{2}{3} \div \frac{a}{b} \times c$$
$$= \frac{2}{3} \times \frac{\boxed{①}}{\boxed{②}} \times c$$
$$= \frac{\boxed{③}}{\boxed{④}} \times c$$
$$= \frac{\boxed{⑤}}{3a}$$

① a　② b　③ $3b$
④ $2a$　⑤ $2bc$

08 다음 곱셈식 중에서 1을 생략하여 쓸 수 없는 것은? ②
① $(-1) \times b$　② $\frac{1}{3} \div b$
③ $c \times \left(-\frac{1}{4}\right)$　④ $\frac{1}{100} \times d$
⑤ $a \div 1$

09 다음 중 문자를 한 개만 사용하여 나타낼 수 없는 것은? ③
① 2만큼 차이 나는 두 수
② 서로 같은 세 수
③ 서로 다른 두 수
④ 연속하는 두 자연수
⑤ 합이 10인 두 수

10 $a = -4$일 때, 다음 식의 값을 구하시오.

$$-2a^2 + a$$

-36

50　일차식의 계산　　　　　　　　　　　　　　　　　　　　1. 문자의 사용　51

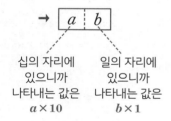

50~51쪽 풀이

03 십의 자리 숫자가 a, 일의 자리 숫자가 b인 수

→ $\boxed{a \mid b}$

십의 자리에　　　일의 자리에
있으니까　　　　있으니까
나타내는 값은　　나타내는 값은
$a \times 10$　　　　$b \times 1$

따라서, 주어진 두 자리 자연수는 $a \times 10 + b \times 1 = 10a + b$

답 $10a+b$

04 ① $a \times 3 = 3a$
② $b \times a = ab$
③ $a \times \frac{2}{3} = \frac{2a}{3}$ $\left(\text{또는 } \frac{2}{3}a\right)$
④ $b \times (-3) = -3b$
⑤ $(a+b) \times 3 = 3(a+b)$

답 ③

05 어떤 수와 8의 합에 5를 곱한 수
　　$\underline{x+8}$　　　$\underline{\times 5}$

→ $(x+8) \times 5$

※ 괄호 없이 $x+8 \times 5$로 나타내면,
x에 8과 5를 곱한 것을 더한 수라는
뜻이 됩니다.

답 ④

06 ① 3의 역수 → $\frac{1}{3}$
② -1의 역수 → -1
③ 2의 역수 → $\frac{1}{2}$
④ $\frac{3}{4}$의 역수 → $\frac{4}{3}$
⑤ $1\frac{1}{2}$의 역수 → $\frac{2}{3}$
　　　$= \frac{3}{2}$

답 ④

51쪽 풀이

07 $\dfrac{2}{3} \div \dfrac{a}{b} \times c = \dfrac{2}{3} \times \dfrac{\boxed{b}^{①}}{\boxed{a}_{②}} \times c$

$\qquad = \dfrac{\boxed{2b}}{\boxed{3a}}^{③} \times c$

$\qquad = \dfrac{\boxed{2bc}}{3a}^{⑤}$

답 ⑤

08 ① $(-1) \times b = -b$

② $\dfrac{1}{3} \div b = \dfrac{1}{3} \times \dfrac{1}{b} = \dfrac{1}{3b}$

③ $c \times \left(-\dfrac{1}{4}\right) = -\dfrac{c}{4}$

④ $\dfrac{1}{100} \times d = \dfrac{d}{100}$

⑤ $a \div 1 = a$

답 ②

09 ※ 서로 관계가 있는 수들은 한 문자로 나타낼 수 있음

① 2만큼 차이 나는 두 수
→ $x, x-2$

② 서로 같은 세 수
→ x, x, x

③ 서로 다른 두 수
→ x, y

④ 연속하는 두 자연수
→ $x, x+1$

⑤ 합이 10인 두 수
→ $x, 10-x$

답 ③

10 $-2a^2+a$에서 a에 -4를 대입

→ $-2 \times a^2 + a$

$= -2 \times (-4)^2 + (-4)$

$= -2 \times 16 + (-4)$

$= -32 - 4$

$= -36$

답 -36

52쪽 풀이

11 ① 서로 관계가 있는 두 수는 한 문자를
사용해서 나타낼 수 있습니다. (○)

② 문자는 반드시 알파벳 소문자를 써야 합니다. (×)
→ 알파벳 대문자를 써도 됨

③ 3×5에서 곱셈 기호 $\times$를 생략하여
35로 쓸 수 있습니다. (×)
→ 숫자 사이의 곱하기는 생략하지 않음
계산해서 15로 쓰거나, $\times$ 대신 $\bullet$을 찍어서
$3 \bullet 5$로 씀

④ 역수 관계인 두 수의 곱은 항상 -1입니다. (×)
→ 역수 관계인 두 수의 곱은 1

⑤ 곱셈 기호 $\times$는 생략할 수 있지만,
$+, -, \div$는 생략할 수 없습니다. (×)
→ $\div$도 역수의 곱셈으로 바꾸어 생략할 수 있음

답 ①

52

단원 마무리

11 다음 설명 중 옳은 것은? ①
① 서로 관계가 있는 두 수는 한 문자를 사용해서 나타낼 수 있습니다.
② 문자는 반드시 알파벳 소문자를 써야 합니다.
③ 3×5에서 곱셈 기호 $\times$를 생략하여 35로 쓸 수 있습니다.
④ 역수 관계인 두 수의 곱은 항상 -1입니다.
⑤ 곱셈 기호 $\times$는 생략할 수 있지만, $+, -, \div$는 생략할 수 없습니다.

12 곱셈식의 결과가 나머지 식과 다른 하나는? ②
① $b \times b \times b \times (-4) \times a \times a$
② $a \times b \times a \times b \times (-4) \times a$
③ $(-1) \times b \times b \times a^2 \times 4$
④ $2 \times a^2 \times b \times b \times (-2) \times b$
⑤ $(-8) \times \dfrac{1}{2} \times a \times a \times b^3$

13 다음 문장을 식으로 나타낼 때, 문자가 3개 필요한 것은? ⑤
① A 버스와 B 버스에 타고 있는 승객 수의 합
② 성인 1명과 어린이 2명의 박물관 입장료
③ 가로가 세로보다 긴 직사각형의 둘레
④ 밑변의 길이와 높이가 같은 삼각형의 넓이
⑤ 하루 동안 먹은 세 끼의 칼로리의 합

14 다음 중 $x \div (y \div z)$와 같은 것은? ⑤
① $(x \times y) \times z$
② $x \times (y \div z)$
③ $(x \times z) \times y$
④ $(x \div y) \div z$
⑤ $x \div y \times z$

15 다음 그림과 같은 사다리꼴의 넓이를 문자를 사용한 식으로 간단히 나타내시오.

$\dfrac{h(a+b)}{2}$

또는 $\dfrac{1}{2}h(a+b)$

52 일차식의 계산

12
① $b \times b \times b \times (-4) \times a \times a = -4a^2b^3$

② $a \times b \times a \times b \times (-4) \times a = -4a^3b^2$

③ $(-1) \times b \times b \times b \times a^2 \times 4 = -4a^2b^3$

④ $2 \times a^2 \times b \times b \times (-2) \times b = -4a^2b^3$

⑤ $(-8) \times \dfrac{1}{2} \times a \times a \times b^3 = -4a^2b^3$

답 ②

13 ① A 버스와 B 버스에 타고 있는 승객 수의 합

A 버스 x명	B 버스 y명

→ $(x+y)$명

② 성인 1명과 어린이 2명의 박물관 입장료

성인 x원	어린이 y원	어린이 y원

→ $(x+y \times 2)$원

③ 가로가 세로보다 긴 직사각형의 둘레

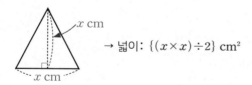

→ 둘레: $\{(x+y) \times 2\}$ cm

④ 밑변의 길이와 높이가 같은 삼각형의 넓이

→ 넓이: $\{(x \times x) \div 2\}$ cm²

⑤ 하루 동안 먹은 세 끼의 칼로리의 합

아침 x kcal	점심 y kcal	저녁 z kcal

→ $(x+y+z)$ kcal

답 ⑤

14
$$x \div (y \div z) = x \div \left(y \times \dfrac{1}{z}\right)$$
$$= x \div \dfrac{y}{z}$$
$$= x \times \dfrac{z}{y}$$
$$= \dfrac{xz}{y}$$

① $(x \times y) \times z$
$= xy \times z$
$= xyz$

② $x \times (y \div z)$
$= x \times \left(y \times \dfrac{1}{z}\right)$
$= x \times \dfrac{y}{z}$
$= \dfrac{xy}{z}$

③ $(x \times z) \times y$
$= xz \times y$
$= xyz$

④ $(x \div y) \div z$
$= \left(x \times \dfrac{1}{y}\right) \div z$
$= \dfrac{x}{y} \div z$
$= \dfrac{x}{y} \times \dfrac{1}{z}$
$= \dfrac{x}{yz}$

⑤ $x \div y \times z$
$= x \times \dfrac{1}{y} \times z$
$= \dfrac{xz}{y}$

답 ⑤

15 (사다리꼴의 넓이) = (윗변 + 아랫변) × 높이 ÷ 2

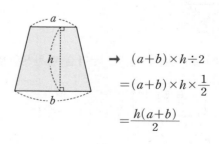

→ $(a+b) \times h \div 2$
$= (a+b) \times h \times \dfrac{1}{2}$
$= \dfrac{h(a+b)}{2}$

답 $\dfrac{h(a+b)}{2}$

또는 $\dfrac{1}{2}h(a+b)$

53쪽 풀이

16

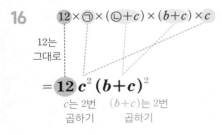

$12 \times \boxed{\bigcirc} \times (\boxed{\bigcirc} + c) \times (b+c) \times c$

12는
그대로

$= \mathbf{12}\, c^2\, (b+c)^2$

c는 2번 $(b+c)$는 2번
곱하기   곱하기

→ 따라서, ㉠은 c, ㉡은 b

답 ㉠: c, ㉡: b

17 ① x원짜리 과자 y개의 가격

$\boxed{x원} \cdots \boxed{x원}$ → xy원

y개

② 가로가 x, 세로가 y인 직사각형의 넓이

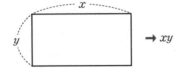

→ xy

③ 시속 y km로 x시간 동안 달린 거리

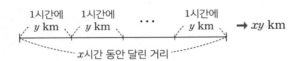

1시간에   1시간에   1시간에
y km y km $\cdots$ y km → xy km

x시간 동안 달린 거리

④ 가로가 1, 세로가 y, 높이가 x인 직육면체의 부피

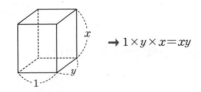

→ $1 \times y \times x = xy$

⑤ 물 x L를 y명에게 똑같이 나누어 줄 때, 한 명이 받은 물의 양

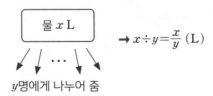

물 x L

→ $x \div y = \dfrac{x}{y}$ (L)

y명에게 나누어 줌

답 ⑤

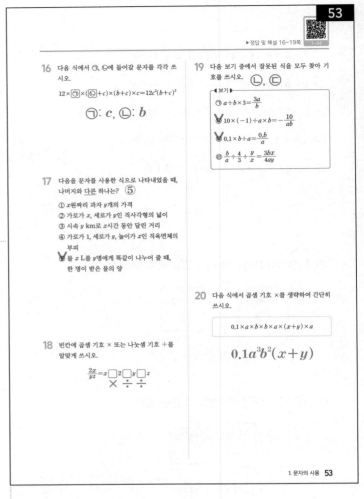

16 다음 식에서 ㉠, ㉡에 들어갈 문자를 각각 쓰시오.

$12 \times \boxed{\bigcirc} \times (\boxed{\bigcirc} + c) \times (b+c) \times c = 12c^2(b+c)^2$

㉠: c, ㉡: b

17 다음을 문자를 사용한 식으로 나타내었을 때, 나머지와 다른 하나는? ⑤

① x원짜리 과자 y개의 가격
② 가로가 x, 세로가 y인 직사각형의 넓이
③ 시속 y km로 x시간 동안 달린 거리
④ 가로가 1, 세로가 y, 높이가 x인 직육면체의 부피
⑤ 물 x L를 y명에게 똑같이 나누어 줄 때, 한 명이 받은 물의 양

18 빈칸에 곱셈 기호 $\times$ 또는 나눗셈 기호 $\div$를 알맞게 쓰시오.

$\dfrac{2x}{yz} = x \boxed{} 2 \boxed{} y \boxed{} z$

$\underset{\times}{} \underset{\div}{} \underset{\div}{}$

19 다음 보기 중에서 잘못된 식을 모두 찾아 기호를 쓰시오. ㉡, ㉢

보기
㉠ $a \div b \times 3 = \dfrac{3a}{b}$
㉡ $10 \times (-1) \div a \times b = -\dfrac{10}{ab}$
㉢ $0.1 \times b \div a = \dfrac{0.b}{a}$
㉣ $\dfrac{b}{a} \div \dfrac{4}{3} \div \dfrac{y}{x} = \dfrac{3bx}{4ay}$

20 다음 식에서 곱셈 기호 $\times$를 생략하여 간단히 쓰시오.

$0.1 \times a \times b \times b \times a \times (x+y) \times a$

$0.1a^3 b^2 (x+y)$

18 $\dfrac{2x}{yz} = x \boxed{} 2 \boxed{} y \boxed{} z$

곱셈식으로
바꾸면

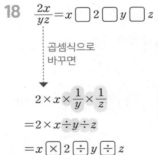

$2 \times x \times \dfrac{1}{y} \times \dfrac{1}{z}$

$= 2 \times x \div y \div z$

$= x \boxed{\times} 2 \boxed{\div} y \boxed{\div} z$

53쪽 풀이

19 ㉠ $a \div b \times 3$

$= a \times \dfrac{1}{b} \times 3$

$= \dfrac{3a}{b}$

㉡ $10 \times (-1) \div a \times b$

$= (-10) \times \dfrac{1}{a} \times b$

$= \dfrac{-10b}{a}$

㉢ $0.1 \times b \div a$

$= 0.1 \times b \times \dfrac{1}{a}$

$= \dfrac{0.1b}{a}$

㉣ $\dfrac{b}{a} \div \dfrac{4}{3} \div \dfrac{y}{x}$

$= \dfrac{b}{a} \times \dfrac{3}{4} \times \dfrac{x}{y}$

$= \dfrac{3bx}{4ay}$

답 ㉡, ㉢

20 $0.1 \times a \times b \times b \times a \times (x+y) \times a$

$= \mathbf{0.1}a^3 b^2 (x+y)$

답 $0.1a^3 b^2(x+y)$

54쪽 풀이

21 사각형 ABCD를 직각삼각형 2개로 생각하면

삼각형 ABD의 넓이:

$13 \times a \times \dfrac{1}{2}$

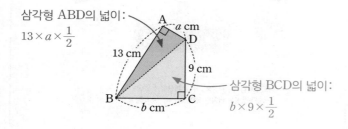

삼각형 BCD의 넓이: $b \times 9 \times \dfrac{1}{2}$

→ 사각형 ABCD의 넓이는

$13 \times a \times \dfrac{1}{2} + b \times 9 \times \dfrac{1}{2}$

$= \dfrac{13a}{2} + \dfrac{9b}{2}$

답 $\left(\dfrac{13a}{2} + \dfrac{9b}{2} \right)$ cm²

또는 $\dfrac{13a + 9b}{2}$ cm²

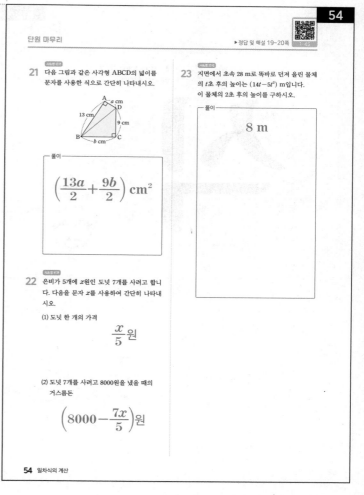

단원 마무리

▶정답 및 해설 19~20쪽

21 다음 그림과 같은 사각형 ABCD의 넓이를 문자를 사용한 식으로 간단히 나타내시오.

풀이

$\left(\dfrac{13a}{2} + \dfrac{9b}{2} \right)$ cm²

22 은비가 5개에 x원인 도넛 7개를 사려고 합니다. 다음을 문자 x를 사용하여 간단히 나타내시오.

(1) 도넛 한 개의 가격

$\dfrac{x}{5}$원

(2) 도넛 7개를 사려고 8000원을 냈을 때의 거스름돈

$\left(8000 - \dfrac{7x}{5} \right)$원

23 지면에서 초속 28 m로 똑바로 던져 올린 물체의 t초 후의 높이는 $(14t - 5t^2)$ m입니다. 이 물체의 2초 후의 높이를 구하시오.

풀이

8 m

54쪽 풀이

22 (1) 도넛 한 개의 가격

→ 5개에 x원이므로 한 개의 가격은 $x \div 5 = \dfrac{x}{5}$

답 $\dfrac{x}{5}$ 원

(2) 도넛 7개를 사려고 8000원을 냈을 때의 거스름돈

→ 도넛 7개의 가격은 $\dfrac{x}{5} \times 7 = \dfrac{7x}{5}$

따라서, 8000원을 냈을 때 거스름돈은

$\left(8000 - \dfrac{7x}{5}\right)$원

답 $\left(8000 - \dfrac{7x}{5}\right)$ 원

23 지면에서 초속 28 m로 똑바로 던져 올린 물체의
t초 후의 높이는 $(14t - 5t^2)$ m
2초 후의 높이는?

→ t에 2를 대입

$$14t - 5t^2 \rightarrow 14 \times t - 5 \times t^2$$
$$= 14 \times (2) - 5 \times (2)^2$$
$$= 28 - 5 \times 4$$
$$= 28 - 20$$
$$= 8$$

답 8 m

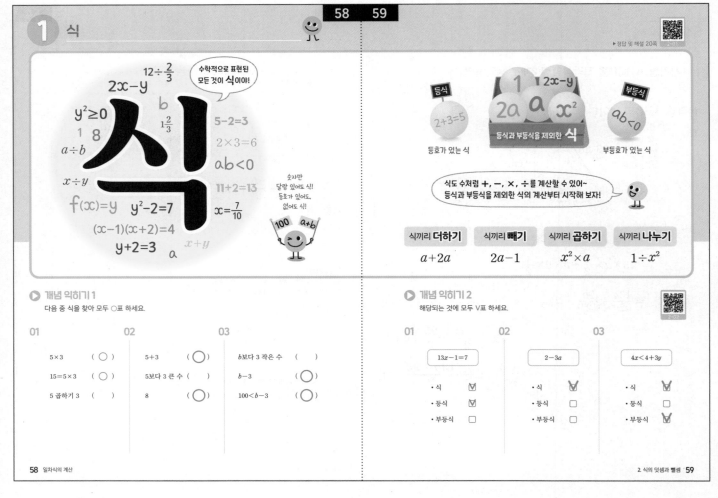

② ─를 ＋로, ÷를 ×로

▶정답 및 해설 21쪽

⊕⊖⊗⊘ 4가지 계산을 ⊕⊗ 2가지로 줄일 수 있어!

⊖를 ⊕로 바꾸는 방법

$5 - 2$ 빼기는?
$= 5 + (-2)$ +(음수)로 바꿀 수 있지!

$$a-b$$
$$=a+(-b)$$

÷를 ⊗로 바꾸는 방법

$5 ÷ 2$ 나누기는?
$= 5 × \dfrac{1}{2}$ ×(역수)로 바꿀 수 있지!

$$a÷b$$
$$=a×\dfrac{1}{b}$$

계산은 ⊕, ⊗ 만 생각하면 되겠네!

⊕의 의미
하나의 크기가 같은 것을 모두 세는 것!

$$2 + 3$$
● ● ● ● ●

만약, 하나의 크기가 다른 것을 더하고 싶다면?
하나의 크기를 같게 해서 더하기!
예 (1시간) + (1분) = (61분)
60분

⊗의 의미
같은 수를 여러 번 더한 것!

$$2 × 3$$ 2+2+2
(●● ●● ●●)

비슷해 보여도 다른 거야~

$a + 2$
ⓐ ① ①
a에 2가 더 있는 것

$2a$
ⓐ ⓐ
a가 2개 있는 것 (a+a)

▶ 개념 익히기 1
빈칸을 알맞게 채우세요.

01
$2x - y$
$=2x+(\boxed{-}y)$

02
$y^2 ÷ x$
$=y^2 \otimes \boxed{\dfrac{1}{x}}$

03
$-4y - y$
$=-4y+(\boxed{-}y)$

▶ 개념 익히기 2
의미가 같은 것끼리 선으로 이으세요.

01 a에 5가 더 있는 것
$\boxed{a+5}$

02 4에 5가 더 있는 것
$\boxed{4+5}$

03 a가 4개 있는 것
$\boxed{4a}$

ⓐ ⓐ ⓐ ⓐ

① ① ① ①
① ① ① ①

ⓐ ① ① ① ① ①

▶정답 및 해설 21쪽

▶ 개념 다지기 1
뺄셈은 덧셈으로, 나눗셈은 곱셈으로 바꾸어 나타내세요.

01 $3x - 3$
$=3x+(-3)$

02 $x ÷ \dfrac{1}{3}$
$= x × 3$

03 $8 + 2a - 2a^2$
$=8+2a+(-2a^2)$

04 $\dfrac{1}{x} ÷ 5$
$=\dfrac{1}{x} × \dfrac{1}{5}$

05 $10 - \dfrac{1}{2}y - xy$
$=10+\left(-\dfrac{1}{2}y\right)+(-xy)$

06 $4y ÷ \left(-\dfrac{3}{y}\right) × 9$
$=4y × \left(-\dfrac{y}{3}\right) × 9$

▶정답 및 해설 21쪽

▶ 개념 다지기 2
빈칸을 알맞게 채우세요.

01 $5a = a+a+a+\boxed{a}$

02 $\boxed{3}b = b+b+b$

03 $6c$는 c가 $\boxed{6}$개 있는 것

04 $7d$
◇ ◇ ◇ ◇
◇ ◇ ◇
d d d d
d d d

05 $8f$
♡ ♡ ♡
♡ ♡ ♡
♡ ♡
f f f
f f f
f f

06 $9e$는 e가 9개 있는 것

64　65

▶정답 및 해설 22쪽

▶ 개념 마무리 1

계산할 수 있는 것은 계산하고, 계산할 수 없다면 ✕표 하세요.

01 $(3시간)+(3분)=183분$

　　$(5\,g)-(20\,\%)$　✕

02 $(6\,cm)+(6\,cm^2)$　✕

　　$(6시간)+(1일)=\dfrac{30시간}{24시간}$

03 $(20\,L)-(10개)$　✕

　　$(6\,℃)-(3\,g)$　✕

04 $(1\,m)+(40\,cm)=\dfrac{140\,cm}{100\,cm}$

　　$(1\,kg)+(100포기)$　✕

05 $(500\,g)-\left(\dfrac{1}{2}\,kg\right)=\dfrac{0\,g}{500\,g}$

　　$(10\,cm^2)-(2\,m^3)$　✕

06 $(32초)-(9명)$　✕

　　$(1타)-(2자루)=\dfrac{10자루}{12자루}$

▶ 개념 마무리 2

의미가 같은 것끼리 선으로 이으세요.

01 $a-2b$ ●　　　　　● $a+a+a+a+a$

02 a가 2개, 1이 4개 ●　　　● $a+(-2b)$

03 $a+a+a$ ●　　　　　● $2a$　a가 2개 있는 것

04 ⓐ ⓐ ●　　　　　● $2a+4$

05 $6a$ ●　　　　　● $4a$

a가 6개 있는 것　　　a가 4개 있는 것

06 a에 4가 더 있는 것 ●————● $a+4$

66　67

3 식의 덧셈

▶정답 및 해설 22쪽

더하기란?
하나의 크기가 같은 것을
모두 세는 것!

$\dfrac{2}{7}+\dfrac{3}{7}=\dfrac{5}{7}$

$\dfrac{1}{7}$이 2개 $\dfrac{1}{7}$이 3개

$\dfrac{1}{7}$이 5개

$(-1)+(-2)=(-3)$

-1이 1개 -1이 2개

-1이 3개

식끼리 더하기도,
하나의 크기가 같은 것을 모두 세는 것

$$2a + 3a$$

$2\times a$ 　　 $3\times a$
$=$ 　　　 $=$
$a\times 2$ 　　 $a\times 3$

종 a가 2개 있다. 　　 종 a가 3개 있다.

➡ $2a+3a=5a$

그래서,
같은 종류끼리만 덧셈을 할 수 있어!

$$7+2x$$

1이 7개　x가 2개

1과 x는 다른 종류!
그래서 계산은 못 해~

$$3a+2b+a+b$$

$4a$

$3b$

$=4a+3b$ 🪙

▶ 개념 익히기 1

빈칸에 알맞은 수를 쓰세요.

01

$4a + 2a = \boxed{6}a$

a가 $\boxed{4}$개　a가 $\boxed{2}$개　그래서, a가 $\boxed{6}$개

02

$b + 4b = \boxed{5}b$

b가 $\boxed{1}$개　b가 $\boxed{4}$개　그래서, b가 $\boxed{5}$개

03

$5c + 3c = \boxed{8}c$

c가 $\boxed{5}$개　c가 $\boxed{3}$개　그래서, c가 $\boxed{8}$개

▶ 개념 익히기 2

식에서 더할 수 있는 것끼리 선으로 연결하세요.

01

$4a + 2b + 2 + a$

02

$14 + x + 2x + 4y$

03

$3a + 6c + 9b + 12c$

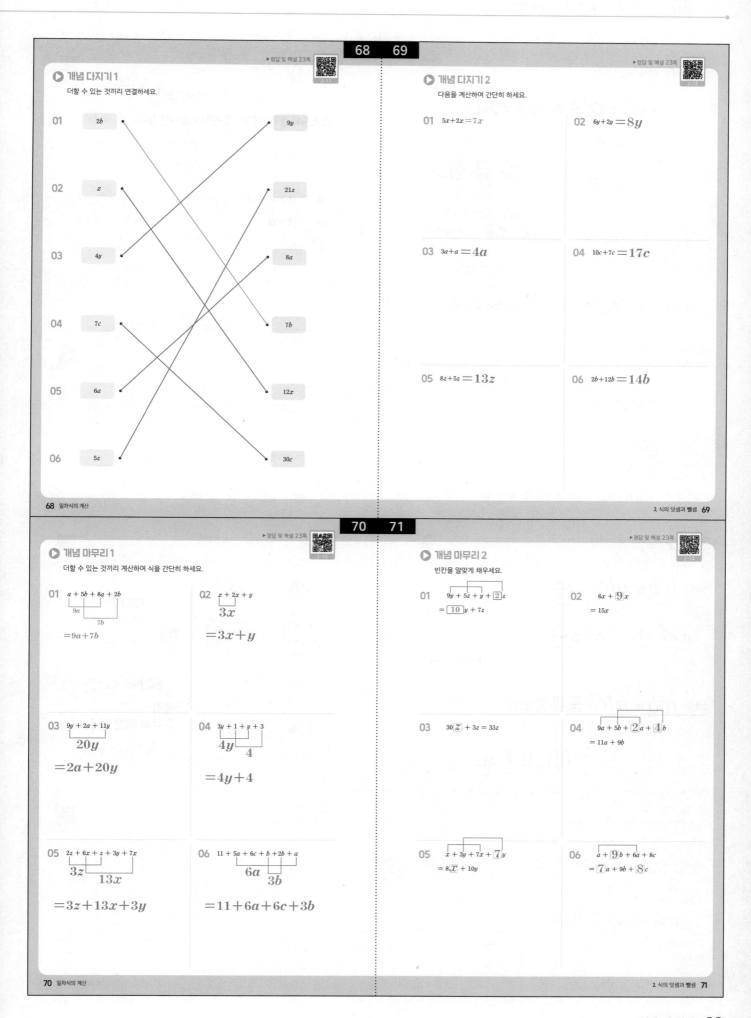

▶ 개념 다지기 1

▶정답 및 해설 23쪽

더할 수 있는 것끼리 연결하세요.

01 $2b$

02 x

03 $4y$

04 $7c$

05 $6a$

06 $5z$

$9y$

$21z$

$8a$

$7b$

$12x$

$30c$

▶ 개념 다지기 2

▶정답 및 해설 23쪽

다음을 계산하여 간단히 하세요.

01 $5x + 2x = 7x$

02 $6y + 2y = 8y$

03 $3a + a = 4a$

04 $10c + 7c = 17c$

05 $8z + 5z = 13z$

06 $2b + 12b = 14b$

▶ 개념 마무리 1

▶정답 및 해설 23쪽

더할 수 있는 것끼리 계산하여 식을 간단히 하세요.

01 $a + 5b + 8a + 2b$
$9a$
$7b$
$= 9a + 7b$

02 $x + 2x + y$
$3x$
$= 3x + y$

03 $9y + 2a + 11y$
$20y$
$= 2a + 20y$

04 $3y + 1 + y + 3$
$4y$
4
$= 4y + 4$

05 $2z + 6x + z + 3y + 7x$
$3z$
$13x$
$= 3z + 13x + 3y$

06 $11 + 5a + 6c + b + 2b + a$
$6a$
$3b$
$= 11 + 6a + 6c + 3b$

▶ 개념 마무리 2

▶정답 및 해설 23쪽

빈칸을 알맞게 채우세요.

01 $9y + 5z + y + \boxed{2}z$
$= \boxed{10}y + 7z$

02 $6x + \boxed{9}x$
$= 15x$

03 $30\boxed{z} + 3z = 33z$

04 $9a + 5b + \boxed{2}a + \boxed{4}b$
$= 11a + 9b$

05 $x + 3y + 7x + \boxed{7}y$
$= 8\boxed{x} + 10y$

06 $a + \boxed{9}b + 6a + 8c$
$= \boxed{7}a + 9b + \boxed{8}c$

정답 및 해설 **23**

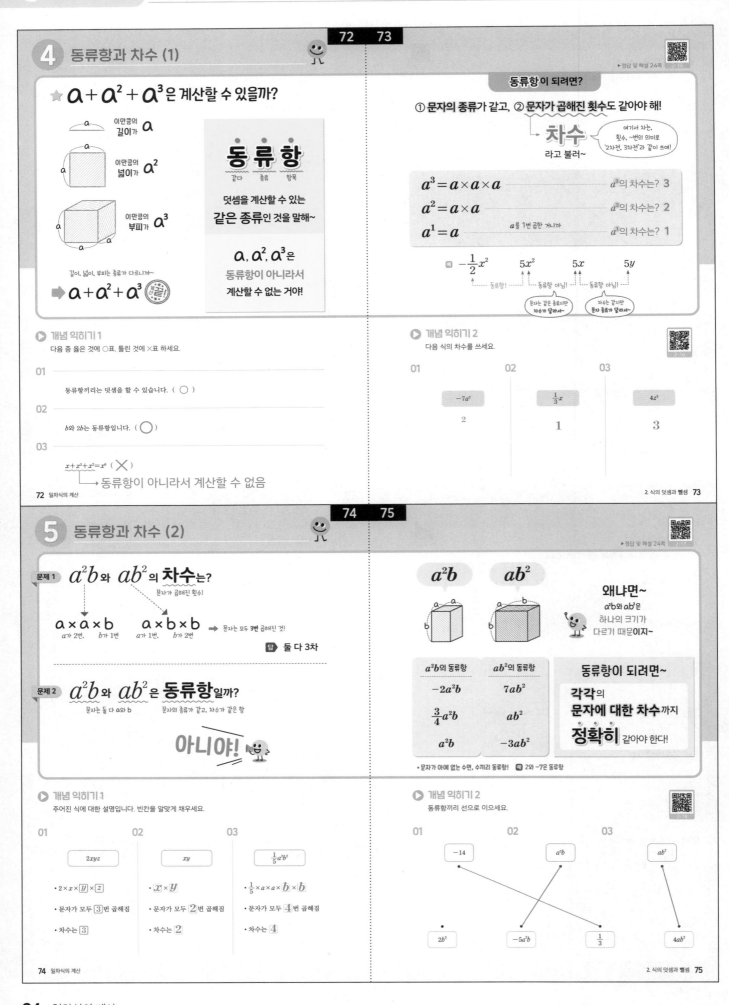

개념 다지기 1

동류항이 되도록 빈칸을 알맞게 채우세요.

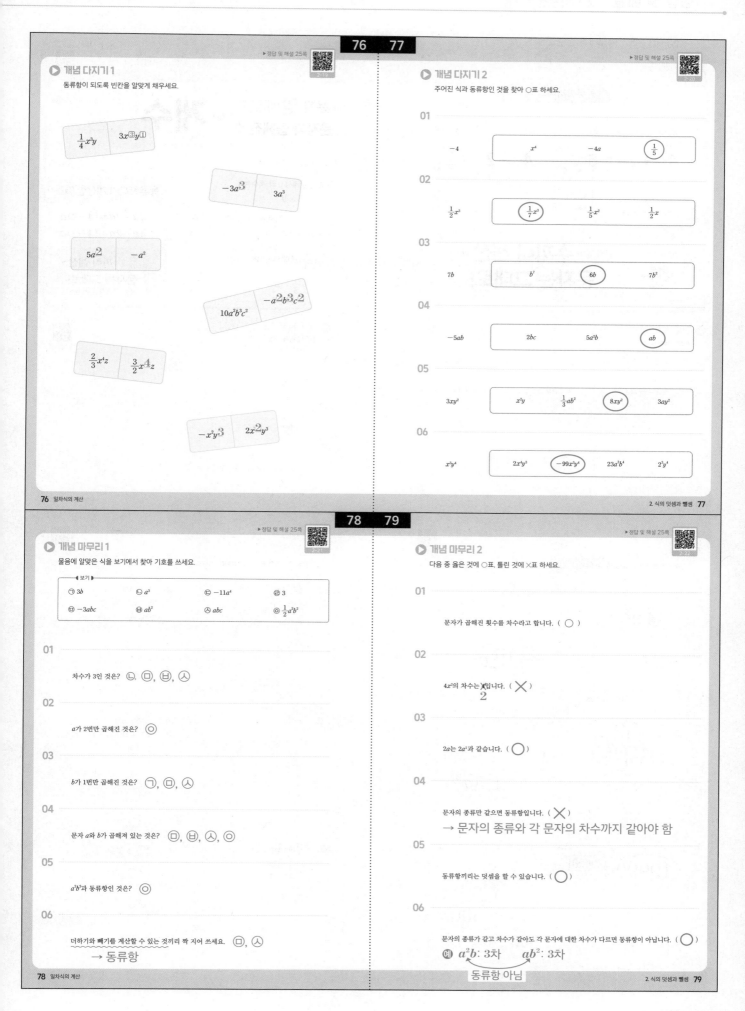

$\frac{1}{4}x^3y$ | $3x^{\boxed{3}}y^{\boxed{1}}$

$-3a^{\boxed{3}}$ | $3a^3$

$5a^{\boxed{2}}$ | $-a^2$

$10a^2b^3c^2$ | $-a^{\boxed{2}}b^{\boxed{3}}c^{\boxed{2}}$

$\frac{2}{3}x^4z$ | $\frac{3}{2}x^{\boxed{4}}z$

$-x^2y^{\boxed{3}}$ | $2x^2y^3$

개념 다지기 2

주어진 식과 동류항인 것을 찾아 ○표 하세요.

01 -4 :　x^4　$-4a$　$\boxed{\dfrac{1}{5}}$

02 $\frac{1}{2}x^2$:　$\boxed{\dfrac{1}{7}x^2}$　$\frac{1}{5}x^2$　$\frac{1}{2}x$

03 $7b$:　b^7　$\boxed{6b}$　$7b^2$

04 $-5ab$:　$2bc$　$5a^2b$　$\boxed{ab}$

05 $3xy^2$:　x^2y　$\frac{1}{3}ab^2$　$\boxed{8xy^2}$　$3ay^2$

06 x^3y^4 :　$2x^4y^3$　$\boxed{-99x^3y^4}$　$23a^3b^4$　2^3y^4

개념 마무리 1

물음에 알맞은 식을 보기에서 찾아 기호를 쓰세요.

◀ 보기 ▶
㉠ $3b$　㉡ a^3　㉢ $-11a^4$　㉣ 3
㉤ $-3abc$　㉥ ab^2　㉦ abc　◎ $\frac{1}{2}a^2b^2$

01 차수가 3인 것은?　㉡, ㉤, ㉥, ㉦

02 a가 2번만 곱해진 것은?　◎

03 b가 1번만 곱해진 것은?　㉠, ㉤, ㉦

04 문자 a와 b가 곱해져 있는 것은?　㉤, ㉥, ㉦, ◎

05 a^2b^2과 동류항인 것은?　◎

06 더하기와 빼기를 계산할 수 있는 것끼리 짝 지어 쓰세요.　㉤, ㉦
→ 동류항

개념 마무리 2

다음 중 옳은 것에 ○표, 틀린 것에 ×표 하세요.

01 문자가 곱해진 횟수를 차수라고 합니다. (○)

02 $4x^2$의 차수는 $\cancel{2}$입니다. (✕)

03 $2a$는 $2a^1$과 같습니다. (○)

04 문자의 종류만 같으면 동류항입니다. (✕)
→ 문자의 종류와 각 문자의 차수까지 같아야 함

05 동류항끼리는 덧셈을 할 수 있습니다. (○)

06 문자의 종류가 같고 차수가 같아도 각 문자에 대한 차수가 다르면 동류항이 아닙니다. (○)
예 a^2b: 3차　　ab^2: 3차
동류항 아님

정답 및 해설　25

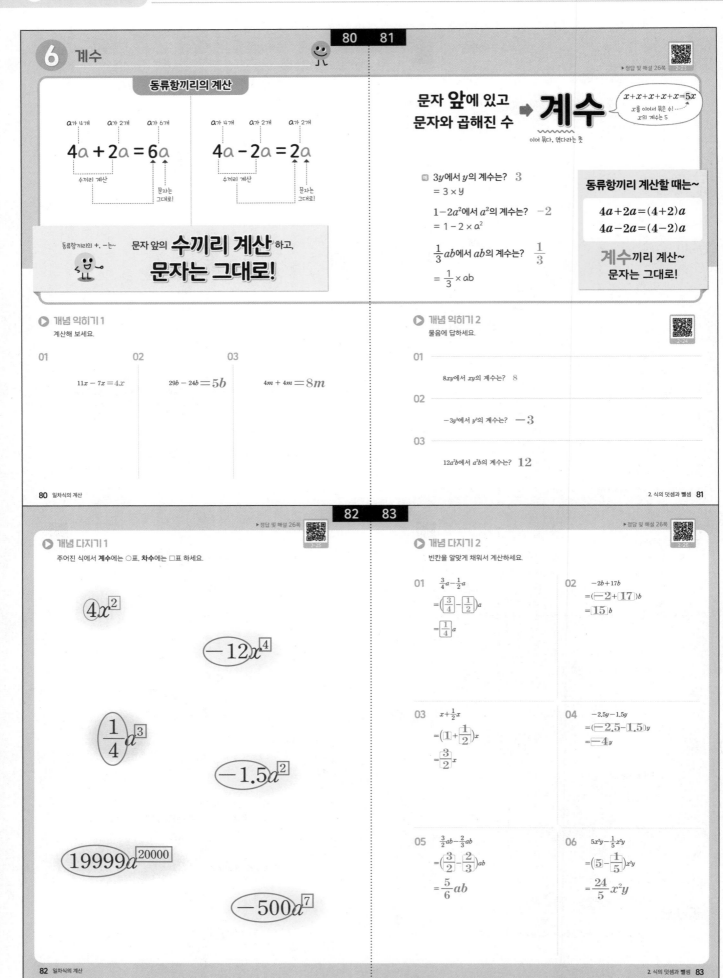

▶ 정답 및 해설 27쪽

▶ 개념 마무리 1

주어진 식을 보고 물음에 답하세요.

01 $5a^2 - \frac{7}{4}a$

a의 계수는? $-\frac{7}{4}$

a^2의 계수는? 5

02 $-50ab + 2c$

ab의 계수는? -50

c의 계수는? 2

03 $2a^3 - b^3$

a^3의 계수는? 2

b^3의 계수는? -1

04 $-x^4 - 6x^3 + y^3$

x^4의 계수는? -1

y^3의 계수는? 1

05 $-50x^2 - 10y + 10x$

x의 계수는? 10

x^2의 계수는? -50

06 $-4x^2 + 8y^2 + 9z^2$

y^2의 계수는? 8

z^2의 계수는? 9

84 일차식의 계산

▶ 정답 및 해설 27쪽

▶ 개념 마무리 2

다음을 계산하여 간단히 나타내세요.

01 $\frac{3}{4}xy + 5x - \frac{1}{2}xy$

$= \frac{1}{4}xy + 5x$

02 $3a - 12a + 5b$

$= -9a + 5b$

03 $-x^2 + 3x + 6x^2 + 4x$

$= 5x^2 + 7x$

04 $-2a^2 + ab + \frac{3}{2}a^2$

$= -\frac{1}{2}a^2 + ab$

05 $\frac{1}{3}x + 5y^2 - \frac{4}{3}y - 6y^2$

$= \frac{1}{3}x - \frac{4}{3}y - y^2$

06 $\frac{1}{9}a + 4bc - ac + 7bc + 0.5ac$

$= \frac{1}{9}a + 11bc - 0.5ac$

2. 식의 덧셈과 뺄셈 85

7 항

▶ 정답 및 해설 27쪽

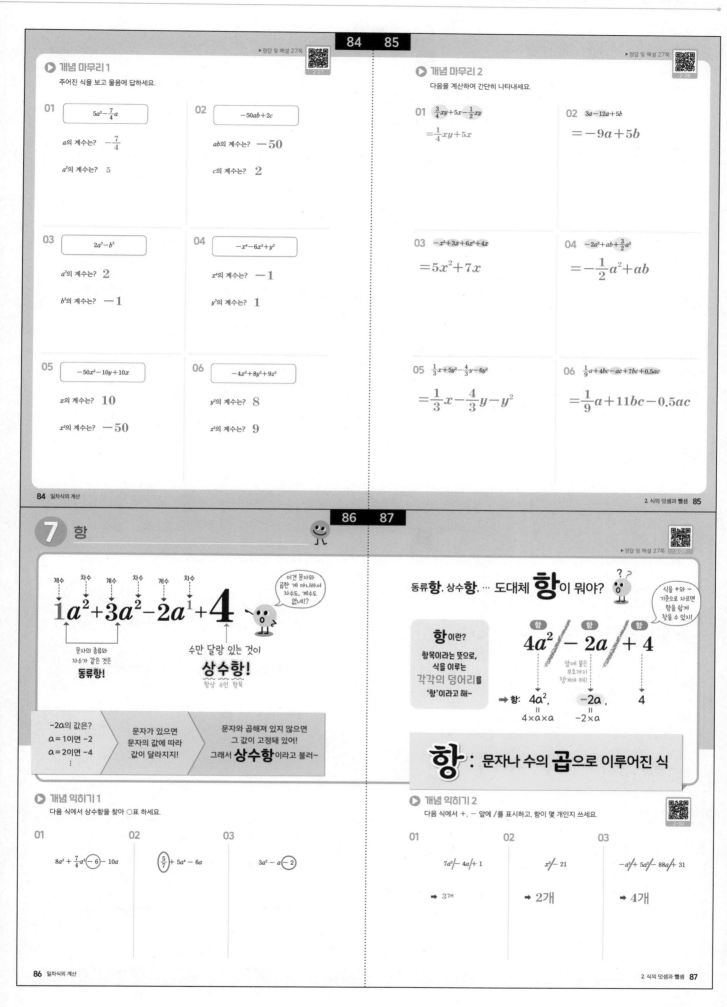

계수　차수　계수　차수　계수　차수

$$1a^2 + 3a^2 - 2a^1 + 4$$

이건 문자와 곱한 게 아니라서 차수도, 계수도 없네!?

문자의 종류와 차수가 같은 것은 **동류항!**

수만 달랑 있는 것이 **상수항!**
항상 수인 항목

$-2a$의 값은?
$a = 1$이면 -2
$a = 2$이면 -4
⋮

문자가 있으면 문자의 값에 따라 값이 달라지지!

문자와 곱해져 있지 않으면 그 값이 고정돼 있어! 그래서 **상수항**이라고 불러~

동류**항**, 상수**항**, … 도대체 **항**이 뭐야?

식을 + 와 − 기준으로 자르면 항을 쉽게 찾을 수 있지!

항이란?
항목이라는 뜻으로, 식을 이루는 **각각의 덩어리**를 '항'이라고 해~

항　　항　　항

$$4a^2 \big/ -2a \big/ + 4$$

앞에 붙은 부호까지 챙겨야 해!

➡ 항: $4a^2$, $-2a$, 4
　　　$4 \times a \times a$　$-2 \times a$

항 : 문자나 수의 **곱**으로 이루어진 식

▶ 개념 익히기 1

다음 식에서 상수항을 찾아 ○표 하세요.

01

$8a^3 + \frac{7}{4}a^3 \bigcirc{-6} - 10a$

02

$\bigcirc{\frac{5}{7}} + 5a^4 - 6a$

03

$3a^2 - a \bigcirc{-2}$

▶ 개념 익히기 2

다음 식에서 +, − 앞에 /를 표시하고, 항이 몇 개인지 쓰세요.

01

$7a^2 \big/ -4a \big/ +1$

➡ 3개

02

$x^2 \big/ -21$

➡ 2개

03

$-a^2 \big/ +5a^2 \big/ -88a \big/ +31$

➡ 4개

86 일차식의 계산

2. 식의 덧셈과 뺄셈 87

정답 및 해설 **27**

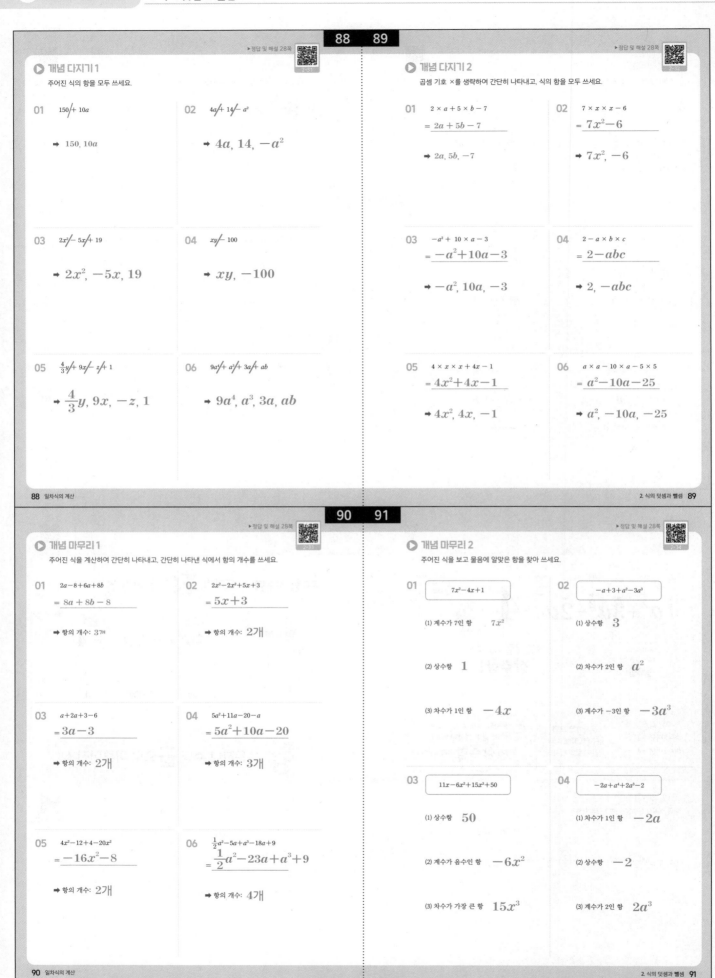

▶정답 및 해설 28쪽

개념 다지기 1

주어진 식의 항을 모두 쓰세요.

01 $150 + 10a$

➡ $150,\ 10a$

02 $4a + 14 - a^2$

➡ $4a,\ 14,\ -a^2$

03 $2x^2 - 5x + 19$

➡ $2x^2,\ -5x,\ 19$

04 $xy - 100$

➡ $xy,\ -100$

05 $\frac{4}{3}y + 9x - z + 1$

➡ $\frac{4}{3}y,\ 9x,\ -z,\ 1$

06 $9a^4 + a^3 + 3a + ab$

➡ $9a^4,\ a^3,\ 3a,\ ab$

▶정답 및 해설 28쪽

개념 다지기 2

곱셈 기호 ×를 생략하여 간단히 나타내고, 식의 항을 모두 쓰세요.

01 $2 \times a + 5 \times b - 7$

= $2a + 5b - 7$

➡ $2a,\ 5b,\ -7$

02 $7 \times x \times x - 6$

= $7x^2 - 6$

➡ $7x^2,\ -6$

03 $-a^2 + 10 \times a - 3$

= $-a^2 + 10a - 3$

➡ $-a^2,\ 10a,\ -3$

04 $2 - a \times b \times c$

= $2 - abc$

➡ $2,\ -abc$

05 $4 \times x \times x + 4x - 1$

= $4x^2 + 4x - 1$

➡ $4x^2,\ 4x,\ -1$

06 $a \times a - 10 \times a - 5 \times 5$

= $a^2 - 10a - 25$

➡ $a^2,\ -10a,\ -25$

▶정답 및 해설 28쪽

개념 마무리 1

주어진 식을 계산하여 간단히 나타내고, 간단히 나타낸 식에서 항의 개수를 쓰세요.

01 $2a - 8 + 6a + 8b$

= $8a + 8b - 8$

➡ 항의 개수: 3개

02 $2x^2 - 2x^2 + 5x + 3$

= $5x + 3$

➡ 항의 개수: 2개

03 $a + 2a + 3 - 6$

= $3a - 3$

➡ 항의 개수: 2개

04 $5a^2 + 11a - 20 - a$

= $5a^2 + 10a - 20$

➡ 항의 개수: 3개

05 $4x^2 - 12 + 4 - 20x^2$

= $-16x^2 - 8$

➡ 항의 개수: 2개

06 $\frac{1}{2}a^2 - 5a + a^3 - 18a + 9$

= $\frac{1}{2}a^2 - 23a + a^3 + 9$

➡ 항의 개수: 4개

▶정답 및 해설 28쪽

개념 마무리 2

주어진 식을 보고 물음에 알맞은 항을 찾아 쓰세요.

01 $7x^2 - 4x + 1$

(1) 계수가 7인 항 $7x^2$

(2) 상수항 1

(3) 차수가 1인 항 $-4x$

02 $-a + 3 + a^2 - 3a^3$

(1) 상수항 3

(2) 차수가 2인 항 a^2

(3) 계수가 -3인 항 $-3a^3$

03 $11x - 6x^2 + 15x^3 + 50$

(1) 상수항 50

(2) 계수가 음수인 항 $-6x^2$

(3) 차수가 가장 큰 항 $15x^3$

04 $-2a + a^4 + 2a^3 - 2$

(1) 차수가 1인 항 $-2a$

(2) 상수항 -2

(3) 계수가 2인 항 $2a^3$

8 단항식과 다항식

▶ 정답 및 해설 29쪽

다항식 • 한 개의 항 또는 두 개 이상의 항이 **+**로 연결된 식

－는 ＋로 바꿔 쓸 수 있으니까, 항이 －로 연결되어도 다항식!

단항식 • 다항식 중에서 항이 하나뿐인 식

$5a^2-2a$ $7x$ -4 $8xy-2$ $-3a^2b$ $x+1$ x^3-2x^2+x+6

단항식은 다항식 안에 포함되는구나!

예 x^3-2x^2+x+6 ----▶ 다항식

$-3a^2b$ ----▶ 단항식이면서 다항식

다항식은 **동류항끼리 계산**을 해서 간단히 써~

$$a^2+3a^2-2a+4$$
$$\underset{4a^2}{\underbrace{}}$$

식을 정리하는 방법은 두 가지가 있지~

$$= \underset{2차항}{4a^2}-\underset{1차항}{2a}+\underset{상수항}{4}$$

다항식을 정리할 때, 차수가 높은 항부터 쓰는 것을 **내림차순**으로 정리한다고 해!

$$= \underset{상수항}{4}-\underset{1차항}{2a}+\underset{2차항}{4a^2}$$

차수가 낮은 항부터 쓰는 것은 **오름차순**으로 정리한다고 해!

▶ 개념 익히기 1

단항식에 ○표 하세요.

01
$-a+2$ ( )
a^2-4a+1 ( )
$5ab$ (○)

02
$5-x$ ( )
$5x$ (○)
$x^5-\frac{1}{3}x$ ( )

03
$4x^2y$ (○)
$4x^3+y$ ( )
$4+x^5y$ ( )

▶ 개념 익히기 2

다항식을 정리한 방법으로 알맞은 것에 ○표 하세요.

01
$6a^2+10a+1$

내림차순 (○)
오름차순 ( )

02
$-5+2a-4a^2$

내림차순 ( )
오름차순 (○)

03
$9x^3-9x^2+x-27$

내림차순 (○)
오름차순 ( )

▶ 정답 및 해설 29쪽

▶ 개념 다지기 1

주어진 다항식을 계산하여 간단히 나타내고, 단항식이면 '단항식', 단항식이 아니면 '다항식'이라고 쓰세요.

01 $-\frac{1}{3}a+8b+\frac{1}{3}a-6b$
$= 2b$
➡ 단항식

02 $-10x+4+7x-4$
$= -3x$
➡ 단항식

03 $2x^2+10x^3-10x-2x^2$
$= 10x^3-10x$
➡ 다항식

04 $\frac{1}{2}xy+\frac{1}{2}x-y+2y$
$= \frac{1}{2}xy+\frac{1}{2}x+y$
➡ 다항식

05 $4a\times a+\frac{1}{5}a-4a^2$
$= 4a^2+\frac{1}{5}a-4a^2=\frac{1}{5}a$
➡ 단항식

06 $-3a+7a\times5b-25b$
$= -3a+35ab-25b$
➡ 다항식

▶ 개념 다지기 2

주어진 항을 모두 이용하여 다항식을 만들고, 조건에 맞게 정리하세요.

01 내림차순
항: $6a^3, 10a^2, -30, -a$
➡ $6a^3+10a^2-a-30$

02 내림차순
항: $2, -3x^2, x^4, x^3$
➡ $x^4+x^3-3x^2+2$

03 오름차순
항: $12a^2, -72, -9a$
➡ $-72-9a+12a^2$

04 오름차순
항: $4x, -52, 6x^2$
➡ $-52+4x+6x^2$

05 내림차순
항: $19b, -15, 3b^3, -b^4$
➡ $-b^4+3b^3+19b-15$

06 오름차순
항: $34, -x, 2x^2, -18x^3$
➡ $34-x+2x^2-18x^3$

정답 및 해설 **29**

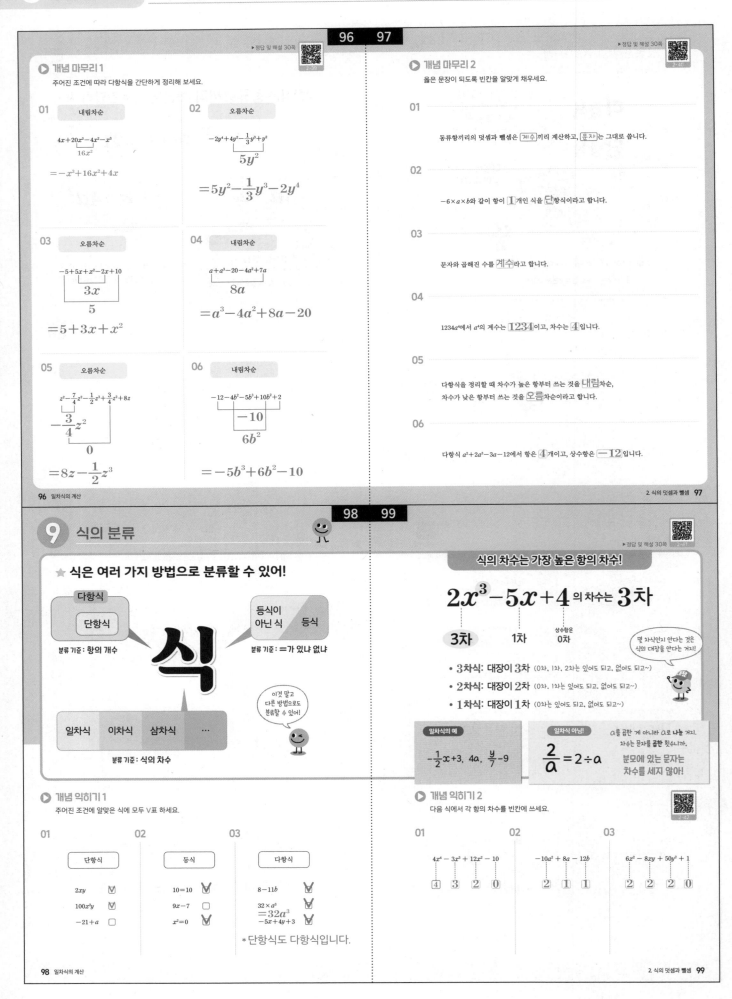

▶정답 및 해설 30쪽

개념 마무리 1

주어진 조건에 따라 다항식을 간단하게 정리해 보세요.

01 내림차순

$4x + 20x^2 - 4x^2 - x^3$ (under: $16x^2$)

$= -x^3 + 16x^2 + 4x$

02 오름차순

$-2y^4 + 4y^2 - \dfrac{1}{3}y^3 + y^2$ (under: $5y^2$)

$= 5y^2 - \dfrac{1}{3}y^3 - 2y^4$

03 오름차순

$-5 + 5x + x^2 - 2x + 10$ (under: $3x$, then 5)

$= 5 + 3x + x^2$

04 내림차순

$a + a^3 - 20 - 4a^2 + 7a$ (under: $8a$)

$= a^3 - 4a^2 + 8a - 20$

05 오름차순

$z^2 - \dfrac{7}{4}z^2 - \dfrac{1}{2}z^3 + \dfrac{3}{4}z^2 + 8z$ (under: $-\dfrac{3}{4}z^2$, then 0)

$= 8z - \dfrac{1}{2}z^3$

06 내림차순

$-12 - 4b^2 - 5b^3 + 10b^2 + 2$ (under: -10, then $6b^2$)

$= -5b^3 + 6b^2 - 10$

▶정답 및 해설 30쪽

개념 마무리 2

옳은 문장이 되도록 빈칸을 알맞게 채우세요.

01 동류항끼리의 덧셈과 뺄셈은 계수끼리 계산하고, 문자는 그대로 씁니다.

02 $-6 \times a \times b$와 같이 항이 1개인 식을 단항식이라고 합니다.

03 문자와 곱해진 수를 계수라고 합니다.

04 $1234a^4$에서 a^4의 계수는 1234이고, 차수는 4입니다.

05 다항식을 정리할 때 차수가 높은 항부터 쓰는 것을 내림차순, 차수가 낮은 항부터 쓰는 것을 오름차순이라고 합니다.

06 다항식 $a^2 + 2a^3 - 3a - 12$에서 항은 4개이고, 상수항은 -12입니다.

9 식의 분류

▶정답 및 해설 30쪽

★ **식은 여러 가지 방법으로 분류할 수 있어!**

다항식 — 단항식
분류 기준: 항의 개수

식

등식이 아닌 식 — 등식
분류 기준: = 가 있냐 없냐

이것 말고 다른 방법으로도 분류할 수 있어!

일차식 | 이차식 | 삼차식 | …
분류 기준: 식의 차수

식의 차수는 가장 높은 항의 차수!

$2x^3 - 5x + 4$ 의 차수는 **3차**

3차　1차　상수항은 0차

몇 차식인지 안다는 것은 식의 대장을 안다는 거지!

- 3차식: 대장이 3차 (0차, 1차, 2차는 있어도 되고, 없어도 되고~)
- 2차식: 대장이 2차 (0차, 1차는 있어도 되고, 없어도 되고~)
- 1차식: 대장이 1차 (0차는 있어도 되고, 없어도 되고~)

일차식의 예
$-\dfrac{1}{2}x+3$, $4a$, $\dfrac{y}{7}-9$

일차식 아님!
$\dfrac{2}{a} = 2 \div a$

a를 곱한 게 아니라 a로 **나눈** 거지. 차수는 문자를 **곱한** 횟수니까, 분모에 있는 문자는 차수를 세지 않아!

개념 익히기 1

주어진 조건에 알맞은 식에 모두 V표 하세요.

01 단항식

$2xy$ ☑
$100x^2y$ ☑
$-21+a$ ☐

02 등식

$10=10$ ☑
$9x-7$ ☐
$x^2=0$ ☑

03 다항식

$8-11b$ ☑
$32 \times a^3$ ☑
$-5x+4y+3$ ☑

＊단항식도 다항식입니다.

개념 익히기 2

다음 식에서 각 항의 차수를 빈칸에 쓰세요.

01 $4x^4 - 3x^3 + 12x^2 - 10$
4　3　2　0

02 $-10a^2 + 8a - 12b$
2　1　1

03 $6x^2 - 8xy + 50y^2 + 1$
2　2　2　0

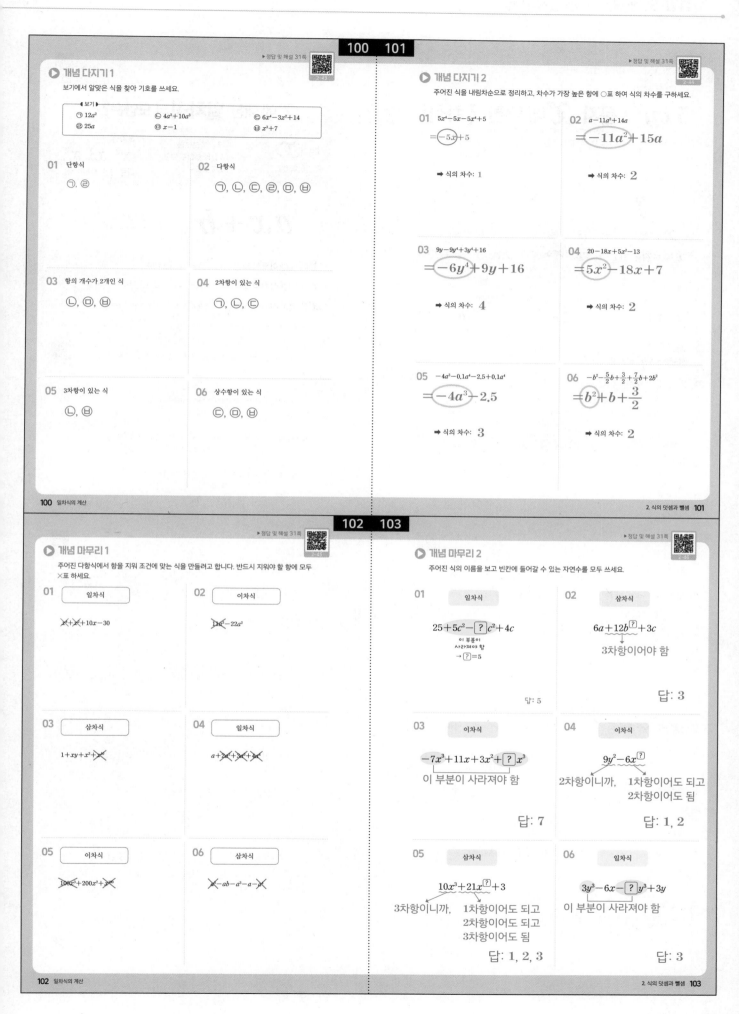

100 101

▶정답 및 해설 31쪽

개념 다지기 1
보기에서 알맞은 식을 찾아 기호를 쓰세요.

보기
㉠ $12a^2$ ㉡ $4a^2+10a^3$ ㉢ $6x^4-3x^2+14$
㉣ $25a$ ㉤ $x-1$ ㉥ x^3+7

01 단항식
㉠, ㉣

02 다항식
㉠, ㉡, ㉢, ㉣, ㉤, ㉥

03 항의 개수가 2개인 식
㉡, ㉤, ㉥

04 2차항이 있는 식
㉠, ㉡, ㉢

05 3차항이 있는 식
㉡, ㉥

06 상수항이 있는 식
㉢, ㉤, ㉥

100 일차식의 계산

▶정답 및 해설 31쪽

개념 다지기 2
주어진 식을 내림차순으로 정리하고, 차수가 가장 높은 항에 ○표 하여 식의 차수를 구하세요.

01 $5x^4-5x-5x^4+5$
$=\boxed{-5x}+5$
➡ 식의 차수: 1

02 $a-11a^2+14a$
$=\boxed{-11a^2}+15a$
➡ 식의 차수: 2

03 $9y-9y^4+3y^4+16$
$=\boxed{-6y^4}+9y+16$
➡ 식의 차수: 4

04 $20-18x+5x^2-13$
$=\boxed{5x^2}-18x+7$
➡ 식의 차수: 2

05 $-4a^3-0.1a^4-2.5+0.1a^4$
$=\boxed{-4a^3}-2.5$
➡ 식의 차수: 3

06 $-b^2-\frac{5}{2}b+\frac{3}{2}+\frac{7}{2}b+2b^2$
$=\boxed{b^2}+b+\frac{3}{2}$
➡ 식의 차수: 2

2. 식의 덧셈과 뺄셈 101

102 103

▶정답 및 해설 31쪽

개념 마무리 1
주어진 다항식에서 항을 지워 조건에 맞는 식을 만들려고 합니다. 반드시 지워야 할 항에 모두 ✕표 하세요.

01 일차식
$\cancel{x^3}+\cancel{x^2}+10x-30$

02 이차식
$\cancel{11a^3}-22a^2$

03 삼차식
$1+xy+x^3+\cancel{x^5}$

04 일차식
$a+\cancel{2a^2}+\cancel{3a^3}+\cancel{4a^4}$

05 이차식
$\cancel{100a^3}+200x^2+\cancel{300}$

06 삼차식
$\cancel{x^4}-ab-a^3-a-\cancel{x^5}$

102 일차식의 계산

▶정답 및 해설 31쪽

개념 마무리 2
주어진 식의 이름을 보고 빈칸에 들어갈 수 있는 자연수를 모두 쓰세요.

01 일차식
$25+5c^2-\boxed{?}c^2+4c$
이 부분이 사라져야 함
→ $\boxed{?}=5$
답: 5

02 삼차식
$6a+12b^{\boxed{?}}+3c$
3차항이어야 함
답: 3

03 이차식
$-7x^3+11x+3x^2+\boxed{?}x^3$
이 부분이 사라져야 함
답: 7

04 이차식
$9y^2-6x^{\boxed{?}}$
2차항이니까, 1차항이어도 되고 2차항이어도 됨
답: 1, 2

05 삼차식
$10x^3+21x^{\boxed{?}}+3$
3차항이니까, 1차항이어도 되고 2차항이어도 되고 3차항이어도 됨
답: 1, 2, 3

06 일차식
$3y^3-6x-\boxed{?}y^3+3y$
이 부분이 사라져야 함
답: 3

2. 식의 덧셈과 뺄셈 103

정답 및 해설 **31**

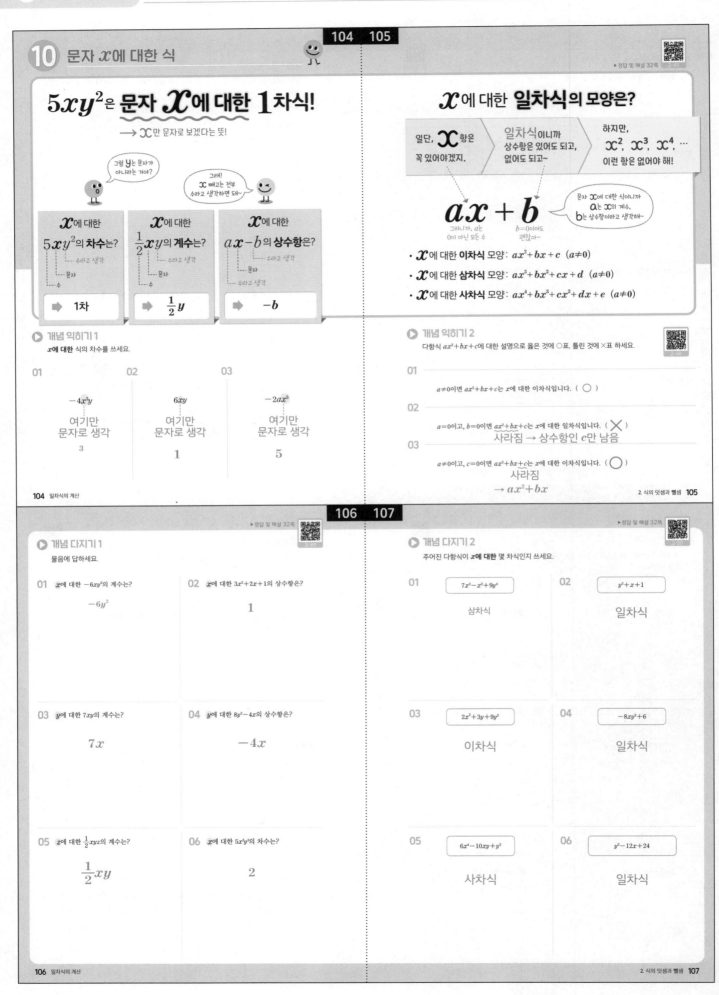

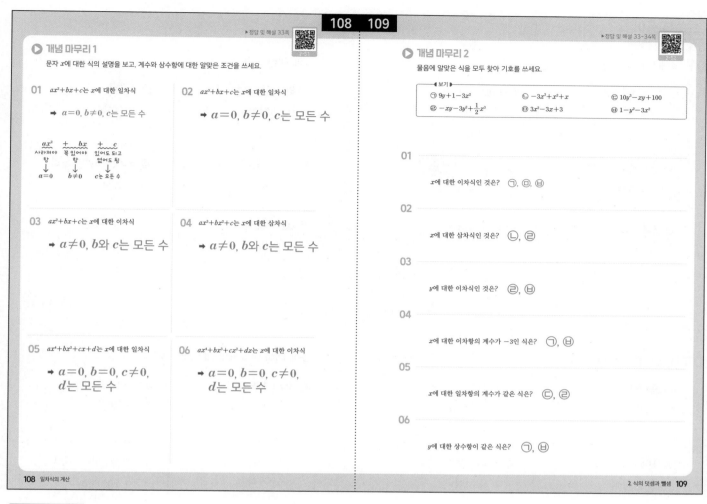

개념 마무리 1

문자 x에 대한 식의 설명을 보고, 계수와 상수항에 대한 알맞은 조건을 쓰세요.

01 ax^2+bx+c는 x에 대한 일차식

➡ $a=0$, $b\neq0$, c는 모든 수

ax^2 ～ 사라져야 항 ↓ $a=0$
$+$ bx 꼭 있어야 항 ↓ $b\neq0$
$+$ c 있어도 되고 없어도 됨 ↓ c는 모든 수

02 ax^3+bx+c는 x에 대한 일차식

➡ $a=0$, $b\neq0$, c는 모든 수

03 ax^2+bx+c는 x에 대한 이차식

➡ $a\neq0$, b와 c는 모든 수

04 ax^3+bx^2+c는 x에 대한 삼차식

➡ $a\neq0$, b와 c는 모든 수

05 ax^4+bx^2+cx+d는 x에 대한 일차식

➡ $a=0$, $b=0$, $c\neq0$, d는 모든 수

06 $ax^4+bx^3+cx^2+dx$는 x에 대한 이차식

➡ $a=0$, $b=0$, $c\neq0$, d는 모든 수

개념 마무리 2

물음에 알맞은 식을 모두 찾아 기호를 쓰세요.

보기
ㄱ $9y+1-3x^2$ ㄴ $-3x^3+x^2+x$ ㄷ $10y^3-xy+100$
ㄹ $-xy-3y^2+\frac{1}{2}x^3$ ㅁ $3x^2-3x+3$ ㅂ $1-y^2-3x^2$

01

x에 대한 이차식인 것은?   ㄱ, ㅁ, ㅂ

02

x에 대한 삼차식인 것은?   ㄴ, ㄹ

03

y에 대한 이차식인 것은?   ㄹ, ㅂ

04

x에 대한 이차항의 계수가 -3인 식은?   ㄱ, ㅂ

05

x에 대한 일차항의 계수가 같은 식은?   ㄴ, ㄹ

06

y에 대한 상수항이 같은 식은?   ㄱ, ㅂ

108쪽 풀이

02 x에 대한 **일차식**이 되려면

$$ax^3 + bx + c$$

ax^3 사라져야 함 ↓ $a=0$
$+bx$ 꼭 있어야 함 ↓ $b\neq0$
$+c$ 있어도 되고 없어도 됨 ↓ c는 모든 수

🄳 $a=0$, $b\neq0$, c는 모든 수

03 x에 대한 **이차식**이 되려면

$$ax^2 + bx + c$$

ax^2 꼭 있어야 함 ↓ $a\neq0$
$+bx$ 있어도 되고 없어도 됨 ↓ b는 모든 수
$+c$ 있어도 되고 없어도 됨 ↓ c는 모든 수

🄳 $a\neq0$, b, c는 모든 수

04 x에 대한 **삼차식**이 되려면

$$ax^3 + bx^2 + c$$

ax^3 꼭 있어야 함 ↓ $a\neq0$
$+bx^2$ 있어도 되고 없어도 됨 ↓ b는 모든 수
$+c$ 있어도 되고 없어도 됨 ↓ c는 모든 수

🄳 $a\neq0$, b, c는 모든 수

05 x에 대한 **일차식**이 되려면

$$ax^4 + bx^2 + cx + d$$

ax^4 사라져야 함 ↓ $a=0$
$+bx^2$ 사라져야 함 ↓ $b=0$
$+cx$ 꼭 있어야 함 ↓ $c\neq0$
$+d$ 있어도 되고 없어도 됨 ↓ d는 모든 수

🄳 $a=0$, $b=0$, $c\neq0$, d는 모든 수

06 x에 대한 **이차식**이 되려면

$$ax^4 + bx^3 + cx^2 + dx$$

ax^4 사라져야 함 ↓ $a=0$
$+bx^3$ 사라져야 함 ↓ $b=0$
$+cx^2$ 꼭 있어야 함 ↓ $c\neq0$
$+dx$ 있어도 되고 없어도 됨 ↓ d는 모든 수

🄳 $a=0$, $b=0$, $c\neq0$, d는 모든 수

[109쪽 풀이]

01 x에 대한 이차식

ⓐ $9y+1-3x^2$
→ 이차식

ⓑ $-3x^3+x^2+x$
→ 삼차식

ⓒ $10y^3-xy+100$
→ 일차식

ⓓ $-xy-3y^2+\dfrac{1}{2}x^3$
→ 삼차식

ⓔ $3x^2-3x+3$
→ 이차식

ⓕ $1-y^2-3x^2$
→ 이차식

답 ㉠, ㉤, ㉋

02 x에 대한 삼차식

ⓐ $9y+1-3x^2$
→ 이차식

ⓑ $-3x^3+x^2+x$
→ 삼차식

ⓒ $10y^3-xy+100$
→ 일차식

ⓓ $-xy-3y^2+\dfrac{1}{2}x^3$
→ 삼차식

ⓔ $3x^2-3x+3$
→ 이차식

ⓕ $1-y^2-3x^2$
→ 이차식

답 ㉡, ㉣

03 y에 대한 이차식

ⓐ $9y+1-3x^2$
→ 일차식

ⓑ $-3x^3+x^2+x$
→ y가 없음

ⓒ $10y^3-xy+100$
→ 삼차식

ⓓ $-xy-3y^2+\dfrac{1}{2}x^3$
→ 이차식

ⓔ $3x^2-3x+3$
→ y가 없음

ⓕ $1-y^2-3x^2$
→ 이차식

답 ㉣, ㉋

04 x에 대한 이차항의 계수가 -3

ⓐ $9y+1-3x^2$
→ 계수: -3

ⓑ $-3x^3+x^2+x$
→ 계수: 1

ⓒ $10y^3-xy+100$
→ x에 대한 이차항 없음

ⓓ $-xy-3y^2+\dfrac{1}{2}x^3$
→ x에 대한 이차항 없음

ⓔ $3x^2-3x+3$
→ 계수: 3

ⓕ $1-y^2-3x^2$
→ 계수: -3

답 ㉠, ㉋

05 x에 대한 일차항의 계수가 같은 식

ⓐ $9y+1-3x^2$
→ x에 대한 일차항 없음

ⓑ $-3x^3+x^2+x$
→ 계수: 1

ⓒ $10y^3-xy+100$
→ 계수: $-y$

ⓓ $-xy-3y^2+\dfrac{1}{2}x^3$
→ 계수: $-y$

ⓔ $3x^2-3x+3$
→ 계수: -3

ⓕ $1-y^2-3x^2$
→ x에 대한 일차항 없음

답 ㉢, ㉣

06 y에 대한 상수항이 같은 식
→ y가 없는 항은 모두 상수항으로 생각!

ⓐ $9y+1-3x^2$
→ 상수항: $1-3x^2$

ⓑ $-3x^3+x^2+x$
→ y가 없으므로 전체가 상수항

ⓒ $10y^3-xy+100$
→ 상수항: 100

ⓓ $-xy-3y^2+\dfrac{1}{2}x^3$
→ 상수항: $\dfrac{1}{2}x^3$

ⓔ $3x^2-3x+3$
→ y가 없으므로 전체가 상수항

ⓕ $1-y^2-3x^2$
→ 상수항: $1-3x^2$

답 ㉠, ㉋

02 ㉠ $3 \times b = 3b$
→ b가 3개

㉡ $3+3+3=9$
→ 3이 3개

㉢ b에 3이 더 있는 것
$=b+3$

㉣ $b+b+b=3b$
→ b가 3개

답 ㉠, ㉣

03 ① $4 \times a^2 - b$
$=4a^2 - b$
→ 항 2개

② $a \times b \times c$
$=abc$
→ 항 1개, 단항식

③ $x+y$
→ 항 2개

④ $2xy - 3xy + y$
$=-xy+y$
→ 항 2개

⑤ $2 \times \dfrac{1}{2} + a$
$=1+a$
→ 항 2개

답 ②

04 ① $4a - 2b$
$=4a+(-2b)$
$\neq 4a+2b$

② $x \div \dfrac{2}{y}$
$=x \times \dfrac{y}{2}$
$\neq \dfrac{1}{x} \times \left(-\dfrac{2}{y}\right)$

③ $-30 - x^2$
$=-30+(-x^2)$
$\neq 30+(-x^2)$

④ $6a \div (-3b)$
$=6a \times \left(-\dfrac{1}{3b}\right)$
$\neq 6a \times \dfrac{1}{3b}$

⑤ $\dfrac{1}{2} \div \dfrac{b}{a}$
$=\dfrac{1}{2} \times \dfrac{a}{b}$

답 ⑤

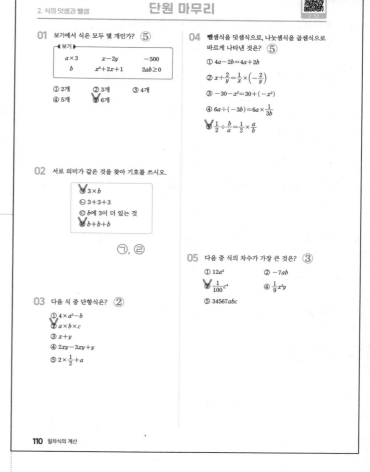

05 ① $12a^3$
→ 3차

② $-7ab$
→ 2차

③ $\dfrac{1}{100}c^4$
→ 4차

④ $\dfrac{1}{9}x^2 y$
→ 3차

⑤ $34567abc$
→ 3차

답 ③

111쪽 풀이

08 동류항은 문자가 같고, 각 문자에 대한 차수까지 모두 같아야 함

① $\dfrac{a}{9}$, $-2a$

→ 둘 다 a에 대한 일차항이므로 동류항

② $-x^2$, $-xy$

문자가 x　　문자가 x, y

③ $-abcd$, $a^2b^2c^2d^2$

a, b, c, d 모두 1차　　a, b, c, d 모두 2차

④ $3z$, z^3

z에 대한 일차항　　z에 대한 삼차항

⑤ 30, $30x$

문자 없음 (상수항)　　문자 x가 있음

답 ①

---

06 식을 분류한 것을 보고, ㉠과 ㉡에 알맞은 말을 쓰시오.

㉠
$x+y+z+w$
$7 \times x \times 10$
$=70a$

㉡
$2a^2+3$
$4xy$

㉠ 일차식
㉡ 이차식

07 식을 간단히 나타내시오.
$a+5b+3b-4a = -3a+8b$

$8b$
$-3a$

08 동류항끼리 바르게 짝 지은 것은? ①
✓① $\dfrac{a}{9}$, $-2a$　② $-x^2$, $-xy$
③ $-abcd$, $a^2b^2c^2d^2$　④ $3z$, z^3
⑤ 30, $30x$

09 다음 식 중에서 x에 대한 일차항의 계수가 -2인 것은? ③
① $-2x^2+4x$　② $-2a-3a^2$
✓③ x^3-2x　④ $-2xy-2y$
⑤ $6x^4-2x^3$

10 다음 중 식을 간단히 한 것으로 옳은 것은? ④
① $-5a+12a=-7a$
② $2b-\dfrac{1}{2}b=-b$
③ $6c+(-10b)=-4c$
✓④ $-xy+0.2xy=-0.8xy$
⑤ $-3y^2+10y^2=-13y^2$

---

09 식에서 x에 대한 일차항을 찾아서 계수를 확인하기

① $-2x^2+4x$

→ 계수: 4

② $-2a-3a^2$

→ x에 대한 일차항이 없음

③ x^3-2x

→ 계수: -2

④ $-2xy-2y$

→ 계수: $-2y$

⑤ $6x^4-2x^3$

→ x에 대한 일차항이 없음

답 ③

---

10 ① $-5a+12a=7a$
$\neq -7a$

② $2b-\dfrac{1}{2}b=\dfrac{3}{2}b$
$\neq -b$

③ $6c+(-10b)$

→ $6c$와 $-10b$는 동류항이 아니라서 덧셈을 할 수 없음

④ $-xy+0.2xy=-0.8xy$

⑤ $-3y^2+10y^2=7y^2$
$\neq -13y^2$

답 ④

11

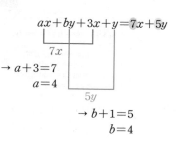

$ax+by+3x+y=7x+5y$

→ $a+3=7$
$a=4$

→ $b+1=5$
$b=4$

답 $a=4$, $b=4$

12 두 식이 동류항이 되어야 함
→ 문자가 같고, 각 문자에 대한 차수도 같아야 함

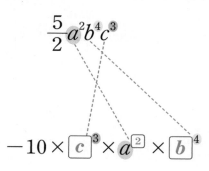

$$\frac{5}{2}a^2b^4c^3$$

$$-10 \times \boxed{c}^3 \times \boxed{a}^{\boxed{2}} \times \boxed{b}^4$$

단원 마무리

11 $ax+by+3x+y$를 간단히 나타내었더니 $7x+5y$가 되었습니다. a, b의 값을 구하시오.

$$a=4,\ b=4$$

12 주어진 식이 $\frac{5}{2}a^2b^4c^3$과 동류항이 되도록 빈칸을 알맞게 채우시오.

$$-10 \times \boxed{c}^3 \times a^{\boxed{2}} \times \boxed{b}^4$$

13 다음 설명 중 옳지 <u>않은</u> 것은? ⑤
① 두 식 $2x$, $2a^2$의 계수는 같습니다.
② 식 $abcdef$의 차수는 6입니다.
③ $\frac{5}{4}$와 -11은 동류항입니다.
④ $x^3 \div 3 \div 6$은 단항식입니다.
⑤ x, x^2, x^3은 모두 동류항입니다.

14 다음 식을 간단히 하시오.

$$\frac{5}{4}x^2 + \frac{1}{4}x - x^2y + 2x^2 - \frac{3}{4}x$$

$$\frac{13}{4}x^2 - x^2y - \frac{1}{2}x$$

15 다항식 $-2x^3 - 3x^4 + 3x^2 + 2x$에서 각 항의 계수가 가장 작은 항의 차수를 쓰시오.

$$4$$

112 일차식의 계산

---

13 ① 두 식 $2x$, $2a^2$의 계수는 같습니다. (○)
→ 두 식 모두 계수는 2

② 식 $abcdef$의 차수는 6입니다. (○)
→ 문자가 6개 곱해졌으므로 차수는 6

③ $\frac{5}{4}$와 -11은 동류항입니다. (○)
→ 상수항은 동류항

④ $x^3 \div 3 \div 6$은 단항식입니다. (○)
→ $x^3 \div 3 \div 6 = x^3 \times \frac{1}{3} \times \frac{1}{6}$
$= \frac{x^3}{18}$

⑤ x, x^2, x^3은 모두 동류항입니다. (×)
→ 문자의 차수가 다르므로 동류항 아님

답 ⑤

14

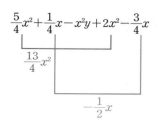

$$\frac{5}{4}x^2 + \frac{1}{4}x - x^2y + 2x^2 - \frac{3}{4}x$$

$$= \frac{13}{4}x^2 - x^2y - \frac{1}{2}x$$

답 $\frac{13}{4}x^2 - x^2y - \frac{1}{2}x$

15

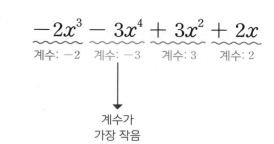

$$-2x^3 - 3x^4 + 3x^2 + 2x$$

계수: -2 계수: -3 계수: 3 계수: 2

계수가
가장 작음

답 4

[113쪽 풀이]

16 $a^4-\dfrac{9}{2}a^2+\dfrac{5}{4}a-100$

① 항은 모두 4개입니다. (○)

→ 항: $a^4,\ -\dfrac{9}{2}a^2,\ \dfrac{5}{4}a,\ -100$

② 차수가 3인 항은 없습니다. (○)

③ 상수항은 100입니다. (×)

→ 상수항은 -100

④ 차수가 1인 항은 $\dfrac{5}{4}a$입니다. (○)

⑤ 차수가 가장 큰 항의 계수는 1입니다. (○)

→ 차수가 가장 큰 항은 a^4

답 ③

17 $x^3-2x^2+\dfrac{3}{4}x^3-12x+10x^2$

$\dfrac{7}{4}x^3$

$8x^2$

$=\dfrac{7}{4}x^3+8x^2-12x$

답 $\dfrac{7}{4}x^3+8x^2-12x$

113

▶정답 및 해설 37~39쪽

16 $a^4-\dfrac{9}{2}a^2+\dfrac{5}{4}a-100$에 대한 설명으로 옳지 않은 것은? ③

① 항은 모두 4개입니다.

② 차수가 3인 항은 없습니다.

✓③ 상수항은 100입니다.

④ 차수가 1인 항은 $\dfrac{5}{4}a$입니다.

⑤ 차수가 가장 큰 항의 계수는 1입니다.

17 다음 식을 간단히 하고, 내림차순으로 정리하시오.

$x^3-2x^2+\dfrac{3}{4}x^3-12x+10x^2$

$\dfrac{7}{4}x^3+8x^2-12x$

18 다음 중 식의 차수가 높은 순서대로 기호를 쓰시오.

㉠ $5x^4+x^2y-4x^3y^2$
㉡ $-a^2-6ab+10b^2+66$
㉢ $11x^3+10xy^2-1.2yz$
㉣ $\dfrac{5}{4}b^3-4bc^2+\dfrac{5}{4}c^4$

㉠, ㉣, ㉢, ㉡

19 다음에서 설명하는 단항식을 구하시오.

• 사용된 문자는 x, y입니다.
• 식의 차수는 4입니다.
• y에 대한 식의 차수는 2입니다.
• 계수는 -1입니다.

$-x^2y^2$

20 주어진 식으로 사다리타기를 할 때, 지나가는 곳에 있는 식을 더하며 이동합니다. 일차식에서 출발했을 때 도착하는 곳의 기호를 쓰고, 식을 간단히 나타내시오.

| a^2+1 | $4a$ | -12 |

$-2a-b$ $3b-a$

$15b-3a$ -7

㉠   ㉡   ㉢

㉠, $18b-7$

2. 식의 덧셈과 뺄셈 **113**

---

18 ㉠ $\underset{\text{4차}}{5x^4}+\underset{\text{3차}}{x^2y}\underset{\text{5차}}{-4x^3y^2}$ → 5차식

㉡ $\underset{\text{2차}}{-a^2}\underset{\text{2차}}{-6ab}\underset{\text{2차}}{+10b^2}\underset{\text{0차}}{+66}$ → 2차식

㉢ $\underset{\text{3차}}{11x^3}\underset{\text{3차}}{+10xy^2}\underset{\text{2차}}{-1.2yz}$ → 3차식

㉣ $\underset{\text{3차}}{\dfrac{5}{4}b^3}\underset{\text{3차}}{-4bc^2}\underset{\text{4차}}{+\dfrac{5}{4}c^4}$ → 4차식

답 ㉠, ㉣, ㉢, ㉡

19

- 사용된 문자는 x, y입니다.

→ 단항식의 모양은 계수 $x^\square y^\square$

↓

- y에 대한 식의 차수는 2입니다.

→ 계수 $x^\square y^2$

↓

- 식의 차수는 4입니다.

→ 계수 $x^2 y^2$

↓

- 계수는 -1입니다.

$$-x^2 y^2$$

답 $-x^2 y^2$

20

일차식에서 출발하므로,
출발점은 여기

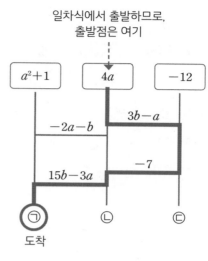

도착

→ $4a + (3b - a) + (-7) + (15b - 3a)$
$= 4a + 3b - a - 7 + 15b - 3a$
$= 18b - 7$

답 ㉠, $18b - 7$

21 (1) $3b^2 + \dfrac{3}{4}ab - a^2 b - b^2 - 0.25ab$

$= -\dfrac{1}{4}ab$

$2b^2$

$\dfrac{1}{2}ab$

$= 2b^2 + \dfrac{1}{2}ab - a^2 b$

답 $2b^2 + \dfrac{1}{2}ab - a^2 b$

- - - - - - - - - - - - - - -

(2) $2b^2 + \dfrac{1}{2}ab - a^2 b$의 항은 $2b^2$, $\dfrac{1}{2}ab$, $-a^2 b$

→ 항은 3개

답 3개

- - - - - - - - - - - - - - -

(3) $2b^2 + \dfrac{1}{2}ab - a^2 b$

계수가 음수인 항

답 $-a^2 b$

114

단원 마무리 ▶정답 및 해설 39~40쪽

21 주어진 식에 대하여 물음에 답하시오.

$$3b^2 + \dfrac{3}{4}ab - a^2 b - b^2 - 0.25ab$$

(1) 식을 간단히 하시오.

$$2b^2 + \dfrac{1}{2}ab - a^2 b$$

(2) 간단히 한 식에서 항은 몇 개인지 쓰시오.

3개

(3) 간단히 한 식에서 계수가 음수인 항을 쓰시오.

$$-a^2 b$$

22 y에 대한 다항식 $12x^2 y^3 + 7xy^2 - 8x^2 y + 3x$에서 문자 y에 대한 각 항의 계수와 상수항을 모두 더한 식을 간단히 하여 내림차순으로 정리하시오.

풀이

$$4x^2 + 10x$$

23 다음 조건을 모두 만족하는 다항식을 쓰시오.

- 식에서 문자는 x뿐입니다.
- 삼차식입니다.
- 항은 4개이고, 동류항은 없습니다.
- 상수항과 계수는 모두 6의 약수이고, 양수입니다.
- 항의 차수가 클수록 계수도 크고, 상수항이 가장 작습니다.

풀이

$$6x^3 + 3x^2 + 2x + 1$$

114 일차식의 계산

정답 및 해설 **39**

114쪽 풀이

22 문자 y에 대한 식

$$12x^2y^3 + 7xy^2 - 8x^2y + 3x$$

y^3의 계수 y^2의 계수 y의 계수   상수항

모든 계수와 상수항을 더하면,

$$12x^2 + 7x - 8x^2 + 3x = 4x^2 + 10x$$

$4x^2$

$10x$

답 $4x^2 + 10x$

23
- 식에서 문자는 x뿐입니다.

- 삼차식입니다.

→ 계수 x^3이 반드시 있어야 함

↓

- 항은 4개이고, 동류항은 없습니다.

→ 다항식의 모양은
$$\boxed{계수}\,x^3 + \boxed{계수}\,x^2 + \boxed{계수}\,x + \boxed{상수항}$$

↓

- 상수항과 계수는 모두 6의 약수이고, 양수입니다.

- 항의 차수가 클수록 계수도 크고, 상수항이 가장 작습니다.

→ 6의 약수는 1, 2, 3, 6
$$\boxed{6}\,x^3 + \boxed{3}\,x^2 + \boxed{2}\,x + \boxed{1}$$

답 $6x^3 + 3x^2 + 2x + 1$

---

1 간단한 일차식의 곱셈   118 119

▶정답 및 해설 40쪽

$$2a \times 3a$$

$$= 2 \times a \times 3 \times a$$

곱셈의 교환법칙 $\begin{matrix} x \times y \\ = y \times x \end{matrix}$

$$= 2 \times 3 \times a \times a$$

곱셈의 결합법칙 $(x \times y) \times z = x \times (y \times z)$

$$= 6a^2$$

곱셈은,
수는 **수끼리** 곱하고, 문자는 **문자끼리** 곱하기

$$(-5b) \times (-8)$$
$$= +40b$$

$\ominus \times \ominus \rightarrow \oplus$
$\ominus \times \oplus \rightarrow \ominus$ 기억나지?

분수의 곱에서는 약분!

$$\overset{4}{16} \times \left(-\frac{3}{4}_{1}y\right)$$
$$= -12y$$

$\dfrac{b}{a} \times \dfrac{a}{c}$ 분모 하나, 분자 하나 짝을 지어서 같은 수로 나누기!

$\dfrac{d}{c} \times \dfrac{c}{1}$ $c = \dfrac{c}{1}$로 생각하면 분모랑 약분이 되는 거야~

▶ 개념 익히기 1

빈칸을 알맞게 채우세요.

01
$3x \times 4y$
수끼리 곱하기
$= \boxed{12}\,xy$

02
$8x \times 2x$
문자끼리 곱하기
$= 16\,\boxed{x^2}$

03
$5b \times 9c$
수끼리 곱하고, 문자끼리 곱하기
$= \boxed{45bc}$

▶ 개념 익히기 2

○ 안에는 부호를, □ 안에는 수를 알맞게 쓰세요.

01
$(-5) \times 7x$
$= \ominus(\boxed{5} \times \boxed{7})x$
$= \ominus\boxed{35}\,x$

02
$(-3) \times (-6y)$
$= \oplus(\boxed{3} \times 6)y$
$= \oplus\boxed{18}\,y$

03
$4 \times (-8z)$
$= \ominus(\boxed{4} \times \boxed{8})z$
$= \ominus\boxed{32}\,z$

▶ **개념 다지기 1**

계산해 보세요.

01 $\left(-\dfrac{4}{\underset{1}{3}}a\right) \times \dfrac{3}{\underset{9}{9}} = -12a$

02 $\left(-\dfrac{2}{7}b\right) \times \dfrac{2}{\underset{1}{14}} = -4b$

03 $\left(-\dfrac{1}{8}c\right) \times \left(-\dfrac{5}{\underset{2}{16}}\right) = \dfrac{5}{2}c$

04 $\dfrac{9}{\underset{2}{4}} \times \dfrac{1}{\underset{3}{2}}x = \dfrac{3}{2}x$

05 $\left(-\dfrac{7}{\underset{3}{15}}y\right) \times \dfrac{5}{\underset{2}{14}} = -\dfrac{1}{6}y$

06 $\left(-\dfrac{11}{\underset{3}{24}}\right) \times \left(-\dfrac{8}{\underset{6}{66}}z\right) = \dfrac{1}{18}z$

▶ **개념 다지기 2**

계산해 보세요.

01 $\left(-\dfrac{1}{3}a\right) \times \dfrac{1}{\underset{2}{8}}a = -\dfrac{1}{6}a^2$

02 $(-2a) \times (-4a) = 8a^2$

03 $\left(-\dfrac{2}{7}b\right) \times \dfrac{2}{\underset{1}{14}}c = -4bc$

04 $\dfrac{4}{\underset{1}{16}}c \times \left(-\dfrac{1}{4}c\right) = -4c^2$

05 $(-15a) \times 6b = -90ab$

06 $(-1.4z) \times (-5z) = 7z^2$

▶ **개념 마무리 1**

빈칸을 알맞게 채우세요.

01 $6ab = (\boxed{-2a}) \times (-3b)$

02 $-8a^2 = (\boxed{2a}) \times (-4a)$

03 $12ab = (-4a) \times (\boxed{-3b})$

04 $-2c \times (\boxed{-10}) = 20c$

05 $\dfrac{1}{3}d \times (\boxed{-27}) = -9d$

06 $\dfrac{7}{4}bc = \left(-\dfrac{1}{4}c\right) \times (\boxed{-7b})$

122쪽 풀이

01 $6ab = (\boxed{-2a}) \times (-3b)$

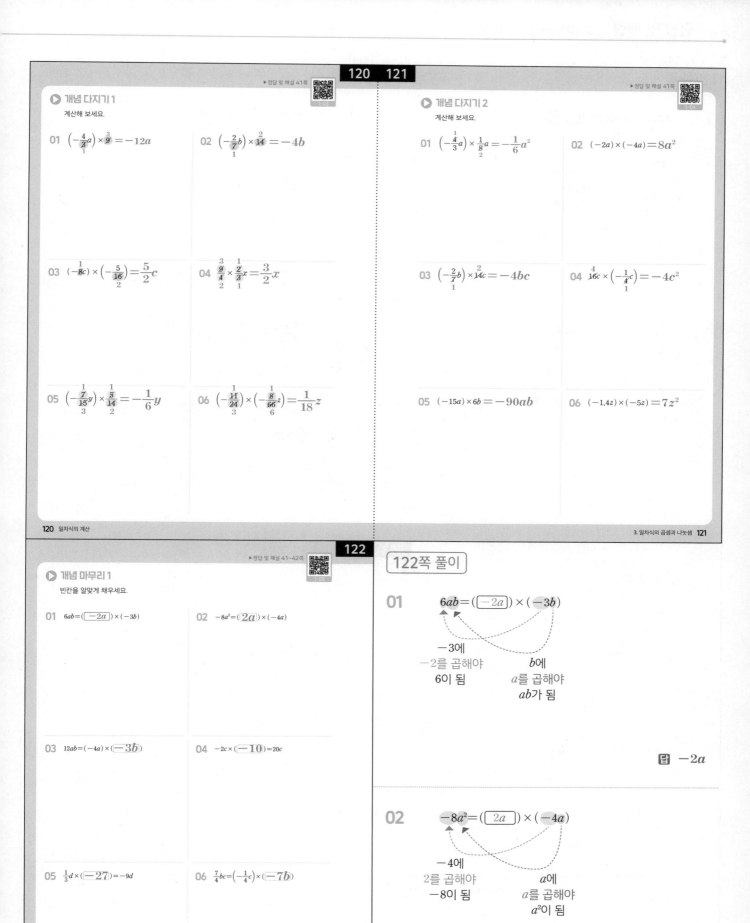

−3에
−2를 곱해야
6이 됨

b에
a를 곱해야
ab가 됨

답 $-2a$

02 $-8a^2 = (\boxed{2a}) \times (-4a)$

−4에
2를 곱해야
−8이 됨

a에
a를 곱해야
a^2이 됨

답 $2a$

122쪽 풀이

03
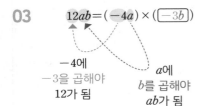

$12ab = (-4a) \times (\boxed{-3b})$

−4에
−3을 곱해야
12가 됨

a에
b를 곱해야
ab가 됨

답 $-3b$

04

$-2c \times (\boxed{-10}) = 20c$

−2에
−10을 곱해야
20이 됨

c는 그대로

답 -10

05
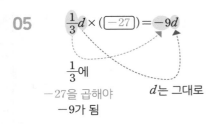

$\frac{1}{3}d \times (\boxed{-27}) = -9d$

$\frac{1}{3}$에
−27을 곱해야
−9가 됨

d는 그대로

답 -27

06

$\frac{7}{4}bc = \left(-\frac{1}{4}c\right) \times (\boxed{-7b})$

$-\frac{1}{4}$에
−7을 곱해야
$\frac{7}{4}$이 됨

c에
b를 곱해야
bc가 됨

답 $-7b$

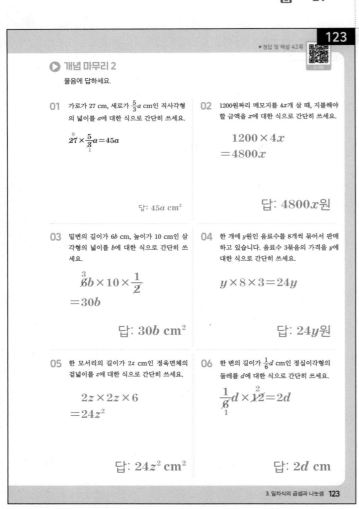

123

▶정답 및 해설 42쪽

▶ 개념 마무리 2

물음에 답하세요.

01   가로가 27 cm, 세로가 $\frac{5}{3}a$ cm인 직사각형의 넓이를 a에 대한 식으로 간단히 쓰세요.

$\overset{9}{27} \times \frac{5}{3}a = 45a$

답: $45a \ \text{cm}^2$

02   1200원짜리 메모지를 $4x$개 살 때, 지불해야 할 금액을 x에 대한 식으로 간단히 쓰세요.

$1200 \times 4x$
$= 4800x$

답: $4800x$원

03   밑변의 길이가 $6b$ cm, 높이가 10 cm인 삼각형의 넓이를 b에 대한 식으로 간단히 쓰세요.

$\overset{3}{6}b \times 10 \times \frac{1}{2}$
$= 30b$

답: $30b \ \text{cm}^2$

04   한 개에 y원인 음료수를 8개씩 묶어서 판매하고 있습니다. 음료수 3묶음의 가격을 y에 대한 식으로 간단히 쓰세요.

$y \times 8 \times 3 = 24y$

답: $24y$원

05   한 모서리의 길이가 $2z$ cm인 정육면체의 겉넓이를 z에 대한 식으로 간단히 쓰세요.

$2z \times 2z \times 6$
$= 24z^2$

답: $24z^2 \ \text{cm}^2$

06   한 변의 길이가 $\frac{1}{6}d$ cm인 정십이각형의 둘레를 d에 대한 식으로 간단히 쓰세요.

$\frac{1}{6}d \times \overset{2}{12} = 2d$

답: $2d \ \text{cm}$

3. 일차식의 곱셈과 나눗셈   **123**

2 분배법칙 (1)

▶ 정답 및 해설 43쪽

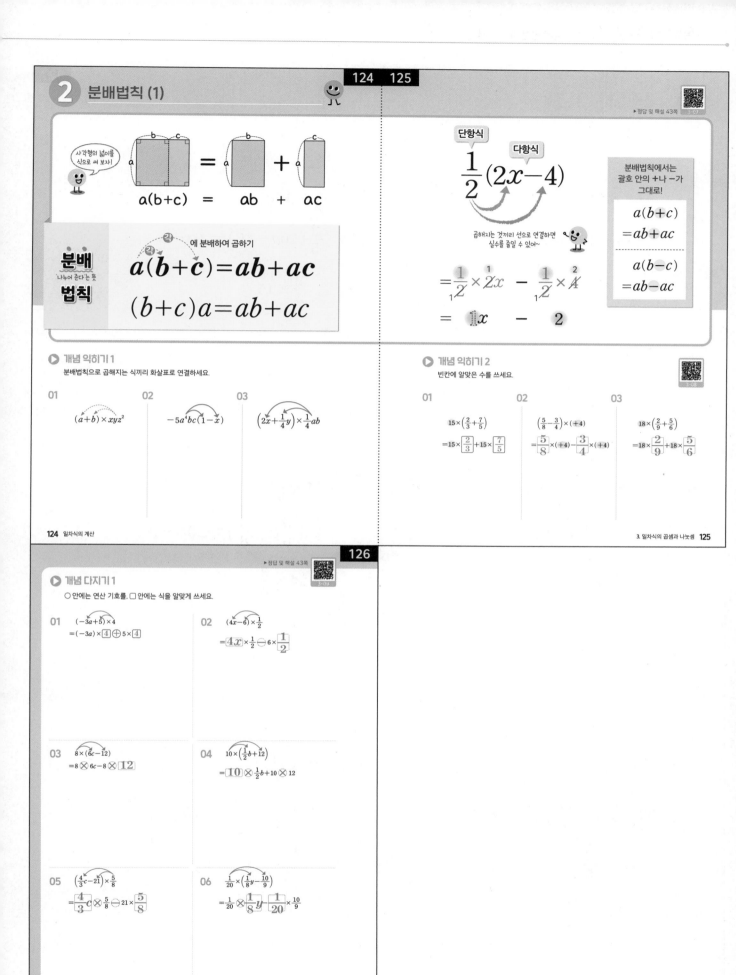

사각형의 넓이를 식으로 써 보자!

$a(b+c) = ab + ac$

분배 나누어 준다는 뜻 **법칙**

각 에 분배하여 곱하기

$$a(b+c)=ab+ac$$
$$(b+c)a=ab+ac$$

단항식 $\frac{1}{2}(2x-4)$ 다항식

분배법칙에서는 괄호 안의 +나 −가 그대로!

$a(b+c)$
$=ab+ac$

$a(b-c)$
$=ab-ac$

곱해지는 것끼리 선으로 연결하면 실수를 줄일 수 있어~

$$=\frac{1}{2}\times 2x - \frac{1}{2}\times 4$$
$$= 1x - 2$$

개념 익히기 1

분배법칙으로 곱해지는 식끼리 화살표로 연결하세요.

01 $(a+b)\times xyz^2$

02 $-5a^4bc(1-x)$

03 $(2x+\frac{1}{4}y)\times \frac{1}{4}ab$

개념 익히기 2

빈칸에 알맞은 수를 쓰세요.

01
$$15\times\left(\frac{2}{3}+\frac{7}{5}\right)$$
$$=15\times\boxed{\frac{2}{3}}+15\times\boxed{\frac{7}{5}}$$

02
$$\left(\frac{5}{8}-\frac{3}{4}\right)\times(+4)$$
$$=\frac{5}{8}\times(+4)-\frac{3}{4}\times(+4)$$

03
$$18\times\left(\frac{2}{9}+\frac{5}{6}\right)$$
$$=18\times\boxed{\frac{2}{9}}+18\times\boxed{\frac{5}{6}}$$

▶ 정답 및 해설 43쪽

개념 다지기 1

○ 안에는 연산 기호를, □ 안에는 식을 알맞게 쓰세요.

01 $(-3a+5)\times 4$
$$=(-3a)\times\boxed{4}\,\oplus\,5\times\boxed{4}$$

02 $(4x-6)\times\frac{1}{2}$
$$=\boxed{4x}\times\frac{1}{2}\,\ominus\,6\times\boxed{\frac{1}{2}}$$

03 $8\times(6c-12)$
$$=8\,\otimes\,6c-8\,\otimes\,\boxed{12}$$

04 $10\times\left(\frac{1}{2}b+12\right)$
$$=\boxed{10}\,\otimes\,\frac{1}{2}b+10\,\otimes\,12$$

05 $\left(\frac{4}{3}c-21\right)\times\frac{5}{8}$
$$=\boxed{\frac{4}{3}}c\,\otimes\,\frac{5}{8}\,\ominus\,21\times\boxed{\frac{5}{8}}$$

06 $\frac{1}{20}\times\left(\frac{1}{8}y-\frac{10}{9}\right)$
$$=\frac{1}{20}\,\otimes\,\boxed{\frac{1}{8}}y\,\boxed{-}\,\frac{1}{20}\times\frac{10}{9}$$

개념 다지기 2

계산해 보세요.

01
$$\frac{3}{\overset{1}{4}} \times \overset{2}{8}x$$
$$\frac{3}{4}(8x - 12) = 6x - 9$$
$$\frac{3}{\overset{}{4}} \times \overset{3}{12}$$

02
$$\frac{2}{\overset{1}{5}} \times \overset{2}{10}a$$
$$\frac{2}{5}(10a - 15) = 4a - 6$$
$$\frac{2}{\overset{}{5}} \times \overset{3}{15}$$

03
$$14 \times 7y$$
$$14\left(7y + \frac{1}{7}\right) = 98y + 2$$
$$\overset{2}{14} \times \frac{1}{\overset{7}{\underset{1}{}}}$$

04
$$\overset{4}{24} \times \frac{5}{\overset{6}{\underset{1}{}}}b$$
$$24\left(\frac{5}{6}b - \frac{3}{8}\right) = 20b - 9$$
$$\overset{3}{24} \times \frac{3}{\overset{8}{\underset{1}{}}}$$

05
$$\overset{2}{32} \times \frac{1}{\overset{16}{\underset{1}{}}}z$$
$$32\left(\frac{1}{16}z + \frac{11}{4}\right) = 2z + 88$$
$$\overset{8}{32} \times \frac{11}{\overset{4}{\underset{1}{}}}$$

06
$$\frac{10}{\overset{1}{3}} \times \frac{9}{\overset{2}{\underset{1}{}}}c$$
$$\frac{10}{3}\left(\frac{9}{2}c - \frac{3}{5}\right) = 15c - 2$$
$$\frac{\overset{2}{10}}{\overset{}{3}_1} \times \frac{\overset{}{3}}{\overset{}{5}_1}$$

▶ 개념 마무리 1

다음 식을 계산하여 간단히 나타내고, 물음에 답하세요.

01 $8\left(\dfrac{1}{4}x-\dfrac{3}{2}\right)=2x-12$

➡ 일차항의 계수는? 2

$$\overset{2}{\cancel{8}}\times\dfrac{1}{\cancel{4}_{1}}x$$

$$8\left(\dfrac{1}{4}x-\dfrac{3}{2}\right)=\underset{일차항}{2x}-12$$

$$\overset{4}{\cancel{8}}\times\dfrac{3}{\cancel{2}_{1}}$$

02 $(3x-8)\times 2=6x-16$

➡ 상수항은? -16

$$3x\times 2$$

$$(3x-8)\times 2=6x\underset{상수항}{-16}$$

$$8\times 2$$

03 $\dfrac{1}{5}(-10x+55)=-2x+11$

➡ x의 계수는? -2

$$\dfrac{1}{\cancel{5}_{1}}\times\overset{2}{\cancel{10}}x$$

$$\dfrac{1}{5}(-10x+55)=\underset{x의 \; 계수}{-2x}+11$$

$$\dfrac{1}{\cancel{5}_{1}}\times\overset{11}{\cancel{55}}$$

04 $40(0.5x-1.5)=20x-60$

➡ $x=0$일 때, 식의 값은? -60

$$40\times 0.5x$$

$$40(0.5x-1.5)=20x-60$$

$$40\times 1.5$$

$x=0$을 대입하면
$20\times 0-60=-60$

05 $\dfrac{3}{10}\left(80x-\dfrac{5}{6}\right)=24x-\dfrac{1}{4}$

➡ x의 계수와 상수항의 곱은? -6

$$\dfrac{3}{\cancel{10}_{1}}\times\overset{8}{\cancel{80}}x$$

$$\dfrac{3}{10}\left(80x-\dfrac{5}{6}\right)=\underset{x의 \; 계수}{24x}\underset{상수항}{-\dfrac{1}{4}}$$

$$\dfrac{\overset{1}{\cancel{3}}}{\underset{2}{\cancel{10}}}\times\dfrac{\overset{1}{\cancel{5}}}{\underset{2}{\cancel{6}}}$$

→ x의 계수와 상수항의 곱은

$$\overset{6}{\cancel{24}}\times\left(-\dfrac{1}{\cancel{4}_{1}}\right)=-6$$

06 $\left(\dfrac{3}{2}x-18\right)\times\dfrac{16}{9}=\dfrac{8}{3}x-32$

➡ $x=3$일 때, 식의 값은? -24

$$\dfrac{\overset{1}{\cancel{3}}}{\underset{1}{\cancel{2}}}x\times\dfrac{\overset{8}{\cancel{16}}}{\underset{3}{\cancel{9}}}$$

$$\left(\dfrac{3}{2}x-18\right)\times\dfrac{16}{9}=\dfrac{8}{3}x-32$$

$$\overset{2}{\cancel{18}}\times\dfrac{\overset{}{16}}{\cancel{9}_{1}}$$

$x=3$을 대입하면

$$\dfrac{8}{\cancel{3}_{1}}\times\overset{1}{\cancel{3}}-32=8-32=-24$$

▶ 개념 마무리 2

주어진 도형의 넓이를 x에 대한 식으로 간단히 나타내세요.

01

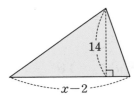

$$(x-2) \times \overset{7}{\cancel{14}} \times \frac{1}{\underset{1}{\cancel{2}}}$$
$$=(x-2) \times 7$$
$$=7x-14$$

답: $7x-14$

02

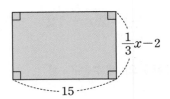

$$\overset{5}{\cancel{15}} \times \frac{1}{\underset{1}{\cancel{3}}}x$$

$$15 \times \left(\frac{1}{3}x - 2\right) = 5x - 30$$

$$15 \times 2$$

답: $5x-30$

03

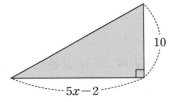

$$5x \times 5$$

$$(5x-2) \times \overset{5}{\cancel{10}} \times \frac{1}{\underset{1}{\cancel{2}}} = (5x-2) \times 5$$

$$2 \times 5$$

$$=25x-10$$

답: $25x-10$

04

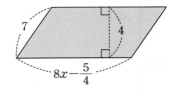

$$8x \times 4$$

$$\left(8x - \frac{5}{4}\right) \times 4 = 32x - 5$$

$$\frac{5}{\cancel{4}} \times \overset{1}{\cancel{4}}$$
$$\underset{1}{}$$

답: $32x-5$

05

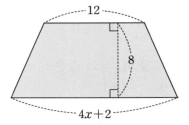

$$(4x+2+12) \times \overset{4}{\cancel{8}} \times \frac{1}{\underset{1}{\cancel{2}}}$$

$$4x \times 4$$

$$=(4x+14) \times 4$$

$$14 \times 4$$

$$=16x+56$$

답: $16x+56$

06

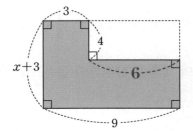

$$9 \times (x+3) - 6 \times 4$$

$$=9x+27-24$$

$$=9x+3$$

답: $9x+3$

3 분배법칙 (2)

▶정답 및 해설 47쪽

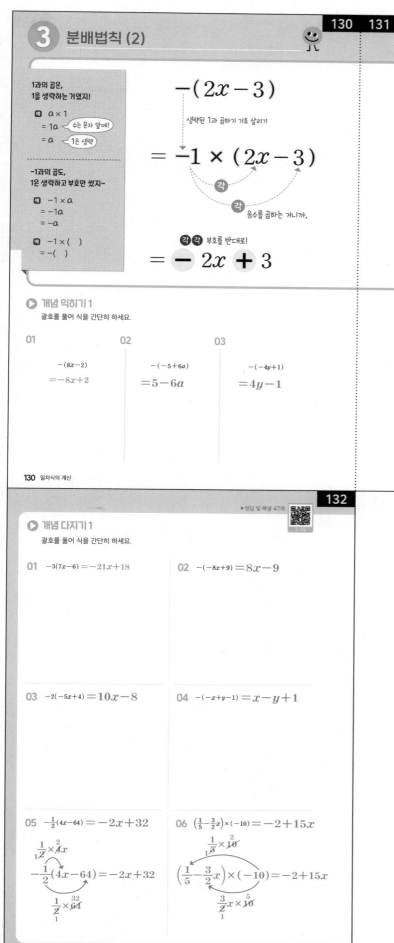

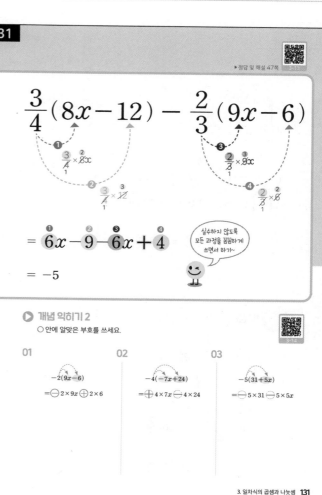

개념 익히기 1

괄호를 풀어 식을 간단히 하세요.

01
$$-(8x-2)$$
$$=-8x+2$$

02
$$-(-5+6a)$$
$$=5-6a$$

03
$$-(-4y+1)$$
$$=4y-1$$

개념 익히기 2

○ 안에 알맞은 부호를 쓰세요.

01
$$-2(9x-6)$$
$$=\bigcirc 2\times 9x \bigoplus 2\times 6$$

02
$$-4(-7x+24)$$
$$=\bigoplus 4\times 7x \bigominus 4\times 24$$

03
$$-5(31+5x)$$
$$=\bigcirc 5\times 31 \bigominus 5\times 5x$$

▶정답 및 해설 47쪽

개념 다지기 1

괄호를 풀어 식을 간단히 하세요.

01 $-3(7x-6)=-21x+18$

02 $-(-8x+9)=8x-9$

03 $-2(-5x+4)=10x-8$

04 $-(-x+y-1)=x-y+1$

05 $-\frac{1}{2}(4x-64)=-2x+32$

$$\frac{1}{\underset{1}{2}}\times \overset{2}{\cancel{4}}x$$

$$-\frac{1}{2}(4x-64)=-2x+32$$

$$\frac{1}{\underset{1}{2}}\times \overset{32}{\cancel{64}}$$

06 $\left(\frac{1}{5}-\frac{3}{2}x\right)\times (-10)=-2+15x$

$$\frac{1}{\underset{1}{5}}\times \overset{2}{\cancel{10}}$$

$$\left(\frac{1}{5}-\frac{3}{2}x\right)\times (-10)=-2+15x$$

$$\frac{3}{\underset{1}{2}}x\times \overset{5}{\cancel{10}}$$

133쪽 풀이

01

$\bigcirc \dfrac{7}{4}(-8a \bigcirc 16) = -14a + 28$

$\bigcirc \times \ominus = \ominus$ 니까 $\oplus$

↓

$\oplus \dfrac{7}{4}(-8a \bigcirc 16) = -14a + 28$

$\oplus \times \bigcirc = \oplus$ 니까 $\oplus$

02

$\bigcirc 5(6x \bigcirc 2) = -30x - 10$

$\bigcirc \times \oplus = \ominus$ 니까 $\ominus$

↓

$\ominus 5(6x \bigcirc 2) = -30x - 10$

$\ominus \times \bigcirc = \ominus$ 니까 $\oplus$

03

$\bigcirc \dfrac{1}{2}(\bigcirc 10b - 16) = 5b + 8$

$\bigcirc \times \ominus = \oplus$ 니까 $\ominus$

↓

$\ominus \dfrac{1}{2}(\bigcirc 10b - 16) = 5b + 8$

$\ominus \times \bigcirc = \oplus$ 니까 $\ominus$

04

$\ominus 42(\bigcirc \dfrac{1}{6}y \bigcirc \dfrac{1}{7}) = -7y + 6$

$\ominus \times \bigcirc = \ominus$ 니까 $\oplus$

↓

$-42(\oplus \dfrac{1}{6}y \bigcirc \dfrac{1}{7}) = -7y + 6$

$\ominus \times \bigcirc = \oplus$ 니까 $\ominus$

05

$\bigcirc 4(\dfrac{1}{7}c \bigcirc \dfrac{9}{2}) = \dfrac{4}{7}c + 18$

$\bigcirc \times \oplus = \oplus$ 니까 $\oplus$

↓

$\oplus 4(\dfrac{1}{7}c \bigcirc \dfrac{9}{2}) = \dfrac{4}{7}c + 18$

$\oplus \times \bigcirc = \oplus$ 니까 $\oplus$

06

$\bigcirc 27(-\dfrac{2}{9}z + \dfrac{5}{3}) = -6z \bigcirc 45$

$\bigcirc \times \ominus = \ominus$ 니까 $\oplus$

↓

$\oplus 27(-\dfrac{2}{9}z + \dfrac{5}{3}) = -6z \bigcirc 45$

$\oplus \times \oplus = \oplus$ 니까 $\oplus$

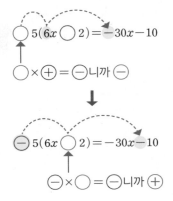

> ▶ 정답 및 해설 48쪽
>
> **개념 다지기 2**
>
> ◯ 안에 알맞은 부호를 쓰세요.
>
> 01 $\oplus \dfrac{7}{4}(-8a \oplus 16) = -14a + 28$
>
> 02 $\ominus 5(6x \oplus 2) = -30x - 10$
>
> 03 $\ominus \dfrac{1}{2}(\ominus 10b - 16) = 5b + 8$
>
> 04 $-42(\oplus \dfrac{1}{6}y \ominus \dfrac{1}{7}) = -7y + 6$
>
> 05 $\oplus 4(\dfrac{1}{7}c \oplus \dfrac{9}{2}) = \dfrac{4}{7}c + 18$
>
> 06 $\oplus 27(-\dfrac{2}{9}z + \dfrac{5}{3}) = -6z \oplus 45$
>
> 3. 일차식의 곱셈과 나눗셈 **133**

▶ 개념 마무리 1

다음을 계산하세요.

01 $2(-3x+2)-4(4x-5)$

$=-6x+4-16x+20$

$=-22x+24$

답: $-22x+24$

02 $-(-x+10)-7(x+1)$

$=x-10-7x-7$

$=-6x-17$

답: $-6x-17$

03 $8(6x+5)-(30x-100)$

$=48x+40-30x+100$

$=18x+140$

답: $18x+140$

04

$$\overset{2}{\cancel{4}}\times\frac{1}{\cancel{2}_1}x$$

$-4\left(-\frac{1}{2}x-5\right)-5x+9$

4×5

$=2x+20-5x+9$

$=-3x+29$

답: $-3x+29$

05

$$\frac{2}{\cancel{3}_1}\times\overset{2}{\cancel{6}}x$$

$\frac{2}{3}(-6x+21)-(-11x+7)$

$$\frac{2}{\cancel{3}_1}\times\overset{7}{\cancel{21}}$$

$=-4x+14+11x-7$

$=7x+7$

답: $7x+7$

06

$10\times 0.2x$ $\qquad \overset{4}{\cancel{100}}\times\frac{7}{\cancel{25}_1}x$

$-10(0.2x+1)-100\left(\frac{7}{25}x+0.2\right)$

$10\times 1 \qquad\qquad 100\times 0.2$

$=-2x-10-28x-20$

$=-30x-30$

답: $-30x-30$

▶ 개념 마무리 2

다음 식을 계산하여 간단히 나타내세요.

01 $7x-[-y+3\{2x-6y-5(x+y)\}]$

$=7x-[-y+3\{2x-6y-5x-5y\}]$

$=7x-[-y+3\{-3x-11y\}]$

$=7x-[-y-9x-33y]$

$=7x-[-9x-34y]$

$=7x+9x+34y$

$=16x+34y$

답: $16x+34y$

02 $9b-\{-8a+10(2a-4b)\}$

$=9b-\{-8a+20a-40b\}$

$=9b-\{12a-40b\}$

$=9b-12a+40b$

$=-12a+49b$

답: $-12a+49b$

03 $17x-[14x+11y-5\{y-(2x-3y)\}]$

$=17x-[14x+11y-5\{y-2x+3y\}]$

$=17x-[14x+11y-5\{-2x+4y\}]$

$=17x-[14x+11y+10x-20y]$

$=17x-[24x-9y]$

$=17x-24x+9y$

$=-7x+9y$

답: $-7x+9y$

04 $\dfrac{1}{2}[18x-\{2x-2(6y+12z)\}-30y]$

$=\dfrac{1}{2}[18x-\{2x-12y-24z\}-30y]$

$=\dfrac{1}{2}[18x-2x+12y+24z-30y]$

$=\dfrac{1}{2}[16x-18y+24z]$

$=8x-9y+12z$

답: $8x-9y+12z$

▶ 개념 마무리 2

4 식을 대입하기

▶ 정답 및 해설 51쪽

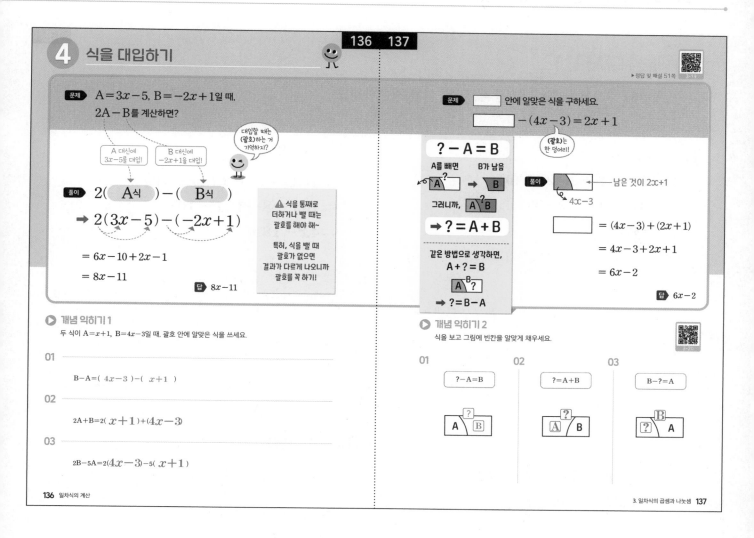

문제 A＝3x−5, B＝−2x+1일 때,
2A−B를 계산하면?

대입할 때는
(괄호)하는 거
기억하지?

A 대신에
3x−5를 대입!

B 대신에
−2x+1을 대입!

풀이 2(A식) − (B식)

➡ 2(3x−5) − (−2x+1)

= 6x−10+2x−1

= 8x−11

⚠ 식을 통째로
더하거나 뺄 때는
괄호를 해야 해~

특히, 식을 뺄 때
괄호가 없으면
결과가 다르게 나오니까
괄호를 꼭 하기!

답 8x−11

문제 ☐ 안에 알맞은 식을 구하세요.

☐ −(4x−3) = 2x+1

? − A = B
A를 빼면   B가 남음
A ? ➡ B
그러니까, A ? B
➡ ? = A + B

같은 방법으로 생각하면,
A + ? = B
A B ?
➡ ? = B − A

(괄호)는
한 덩어리!

풀이   ← 남은 것이 2x+1
4x−3

☐ = (4x−3) + (2x+1)

= 4x−3+2x+1

= 6x−2

답 6x−2

▶ **개념 익히기 1**

두 식이 A＝x+1, B＝4x−3일 때, 괄호 안에 알맞은 식을 쓰세요.

01

B−A=(4x−3)−(x+1)

02

2A+B=2(x+1)+(4x−3)

03

2B−5A=2(4x−3)−5(x+1)

▶ **개념 익히기 2**

식을 보고 그림에 빈칸을 알맞게 채우세요.

01

?−A=B

A ? B

02

?=A+B

A ? B

03

B−?=A

? B A

▶ 개념 다지기 1

$A=8x-4$, $B=12x+10$일 때, 다음 식을 계산하세요.

01 $3A-2B$

$=3(8x-4)-2(12x+10)$

$=24x-12-24x-20$

$=-32$

답: -32

02 $2A-B$

$=2(8x-4)-(12x+10)$

$=16x-8-12x-10$

$=4x-18$

답: $4x-18$

03 $-A+B$

$=-(8x-4)+(12x+10)$

$=-8x+4+12x+10$

$=4x+14$

답: $4x+14$

04 $A-\dfrac{1}{2}B$

$=(8x-4)-\dfrac{1}{2}(12x+10)$

$=8x-4-6x-5$

$=2x-9$

답: $2x-9$

05 $B+\dfrac{1}{4}A$

$=(12x+10)+\dfrac{1}{4}(8x-4)$

$=12x+10+2x-1$

$=14x+9$

답: $14x+9$

06 $2(A+B)$

$=2\{(8x-4)+(12x+10)\}$

$=2(20x+6)$

$=40x+12$

답: $40x+12$

▶ 개념 다지기 2

물음에 답하세요.

01 A−(11x+3)=5x+9일 때,
A는?

$$\begin{array}{c} \overline{\quad A \quad} \\ \boxed{11x+3 \left.\right) 5x+9} \end{array}$$

A=(11x+3)+(5x+9)
  =16x+12

답: $16x+12$

02 B+(x−2)=5x−1일 때,
B는?

$$\begin{array}{c} \overline{\quad 5x-1 \quad} \\ \boxed{B \left/ \right. x-2} \end{array}$$

B=(5x−1)−(x−2)
  =5x−1−x+2
  =4x+1

답: $4x+1$

03 (6x+8)+C=9x−1일 때,
C는?

$$\begin{array}{c} \overline{\quad 9x-1 \quad} \\ \boxed{6x+8 \left/ \right. C} \end{array}$$

C=(9x−1)−(6x+8)
  =9x−1−6x−8
  =3x−9

답: $3x-9$

04 (7x−3)−D=x+10일 때,
D는?

$$\begin{array}{c} \overline{\quad 7x-3 \quad} \\ \boxed{D \left/ \right. x+10} \end{array}$$

D=(7x−3)−(x+10)
  =7x−3−x−10
  =6x−13

답: $6x-13$

05 (3x+2)−E=8x−4일 때,
E는?

$$\begin{array}{c} \overline{\quad 3x+2 \quad} \\ \boxed{E \left/ \right. 8x-4} \end{array}$$

E=(3x+2)−(8x−4)
  =3x+2−8x+4
  =−5x+6

답: $-5x+6$

06 (12x−10)+F=9x−11일 때,
F는?

$$\begin{array}{c} \overline{\quad 9x-11 \quad} \\ \boxed{12x-10 \left/ \right. F} \end{array}$$

F=(9x−11)−(12x−10)
  =9x−11−12x+10
  =−3x−1

답: $-3x-1$

▶ 개념 마무리 1

주어진 식을 간단히 해서, $A = x+5$, $B = 7x-2$를 대입하여 계산하세요.

01

$$3A+B-A+5B$$
$$=2A+6B$$
$$=2(x+5)+6(7x-2)$$
$$=2x+10+42x-12$$
$$=44x-2$$

답: $44x-2$

02

$$5A+2B-6A$$
$$=-A+2B$$
$$=-(x+5)+2(7x-2)$$
$$=-x-5+14x-4$$
$$=13x-9$$

답: $13x-9$

03

$$9B-2A-10B+3A$$
$$=A-B$$
$$=(x+5)-(7x-2)$$
$$=x+5-7x+2$$
$$=-6x+7$$

답: $-6x+7$

04

$$100A+20B-97A-19B$$
$$=3A+B$$
$$=3(x+5)+(7x-2)$$
$$=3x+15+7x-2$$
$$=10x+13$$

답: $10x+13$

05

$$\frac{1}{2}(12A+2B)-3B$$
$$=6A+B-3B$$
$$=6A-2B$$
$$=6(x+5)-2(7x-2)$$
$$=6x+30-14x+4$$
$$=-8x+34$$

답: $-8x+34$

06

$$2(7B-3A)-5(A+3B)$$
$$=14B-6A-5A-15B$$
$$=-11A-B$$
$$=-11(x+5)-(7x-2)$$
$$=-11x-55-7x+2$$
$$=-18x-53$$

답: $-18x-53$

01 어떤 식에서 $-x+3$을 뺐더니 $5x+12$

$\rightarrow$ $\boxed{?}$ $-(-x+3)=5x+12$

$\boxed{?}$	
$-x+3$	$5x+12$

$\boxed{?}=(5x+12)+(-x+3)$
$=5x+12-x+3$
$=4x+15$

답 $4x+15$

02 $6x-1$에 어떤 식을 더했더니 $-3x$

$\rightarrow$ $(6x-1)+\boxed{?}=-3x$

	$-3x$
$6x-1$	$\boxed{?}$

$\boxed{?}=(-3x)-(6x-1)$
$=-3x-6x+1$
$=-9x+1$

답 $-9x+1$

03 어떤 식에 $-9x-1$을 더했더니 $-2x+6$

$\rightarrow$ $\boxed{?}+(-9x-1)=-2x+6$

	$-2x+6$
$\boxed{?}$	$-9x-1$

$\boxed{?}=(-2x+6)-(-9x-1)$
$=-2x+6+9x+1$
$=7x+7$

답 $7x+7$

04 $20x+8$에서 어떤 식을 뺐더니 -12

$\rightarrow$ $(20x+8)-\boxed{?}=-12$

	$20x+8$
$\boxed{?}$	-12

$\boxed{?}=(20x+8)-(-12)$
$=20x+8+12$
$=20x+20$

답 $20x+20$

05 어떤 식에서 $-5x-8$을 뺐더니 $10x-23$

$\rightarrow$ $\boxed{?}-(-5x-8)=10x-23$

$\boxed{?}$	
$-5x-8$	$10x-23$

$\boxed{?}=(-5x-8)+(10x-23)$
$=-5x-8+10x-23$
$=5x-31$

답 $5x-31$

06 $7x+1$에 어떤 식을 더했더니 $15x-\frac{1}{2}$

$\rightarrow$ $(7x+1)+\boxed{?}=15x-\frac{1}{2}$

	$15x-\frac{1}{2}$
$7x+1$	$\boxed{?}$

$\boxed{?}=\left(15x-\frac{1}{2}\right)-(7x+1)$

$=15x-\frac{1}{2}-7x-1$

$=8x-\frac{3}{2}$

답 $8x-\frac{3}{2}$

141

▶정답 및 해설 55쪽

▶ **개념 마무리 2**

어떤 식을 $\boxed{?}$로 하여 식을 세우고, 물음에 답하세요.

01
어떤 식에서 $-x+3$을 뺐더니 $5x+12$가 되었습니다. 어떤 식은?

식 $\boxed{?}-(-x+3)=5x+12$ 답 $4x+15$

02
$6x-1$에 어떤 식을 더했더니 $-3x$가 되었습니다. 어떤 식은?

식 $(6x-1)+\boxed{?}=-3x$ 답 $-9x+1$

03
어떤 식에 $-9x-1$을 더했더니 $-2x+6$이 되었습니다. 어떤 식은?

식 $\boxed{?}+(-9x-1)=-2x+6$ 답 $7x+7$

04
$20x+8$에서 어떤 식을 뺐더니 -12가 되었습니다. 어떤 식은?

식 $(20x+8)-\boxed{?}=-12$ 답 $20x+20$

05
어떤 식에서 $-5x-8$을 뺐더니 $10x-23$이 되었습니다. 어떤 식은?

식 $\boxed{?}-(-5x-8)=10x-23$ 답 $5x-31$

06
$7x+1$에 어떤 식을 더했더니 $15x-\frac{1}{2}$이 되었습니다. 어떤 식은?

식 $(7x+1)+\boxed{?}=15x-\frac{1}{2}$ 답 $8x-\frac{3}{2}$

3. 일차식의 곱셈과 나눗셈 **141**

142　143

5 분수 모양의 식 계산 (1)

▶정답 및 해설 56쪽

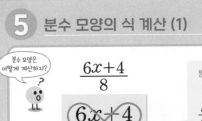

$$\frac{6x+4}{8}$$

분모가 같으면 하나로 쓸 수 있지!

$$\frac{b}{a}+\frac{c}{a}=\frac{b+c}{a}$$

반대로, 분모가 같은 두 분수 꼴로 쪼개어 쓸 수도 있어!

$$=\frac{6x}{8}+\frac{4}{8}$$

$$\frac{\overset{3}{6x}}{\underset{4}{8}}=\frac{3x}{4}$$

분자에 있는 문자는 분수 옆에 써도 돼!

$$=\frac{3x}{4}$$

$$=\frac{3}{4}x+\frac{1}{2}$$

★ 분수 모양은 곱셈으로 나타낼 수 있어!　기억나자~?

$$\frac{6x+4}{8}$$

$$=(6x+4)\times\frac{1}{8}$$

$$=\overset{3}{6x}\times\frac{1}{\underset{4}{8}}+\overset{1}{4}\times\frac{1}{\underset{2}{8}}$$

$$=\frac{3}{4}x+\frac{1}{2}$$

$$\frac{\boxed{B}}{A}=\boxed{B}\times\frac{1}{A}$$

이때, 분자는 반드시 하나의 덩어리로 생각해야 해!

$$\Rightarrow \frac{(6x+4)}{8}=(6x+4)\times\frac{1}{8}$$

틀린 계산

$$\frac{6x+4}{8}\neq 6x+4\times\frac{1}{8}$$

6x와 4 둘 다에 해당하는 분모!　　4에만 해당하는 분모!

▶ 개념 익히기 1

분모가 같은 분수로 쪼개어 쓸 수 있게 ♡표 하고, 빈칸을 알맞게 채우세요.

01

$$=\frac{\boxed{\triangle}}{a}\ominus\frac{\boxed{\heartsuit}}{a}$$

02

$$=\frac{\boxed{☆}}{2}+\frac{\boxed{♠}}{2}$$

03

$$=\frac{\boxed{a}}{c}\ominus\frac{\boxed{b}}{c}$$

▶ 개념 익히기 2

빈칸을 알맞게 채우세요.

01
$$\frac{☆}{4}$$
$$=\boxed{☆}\times\frac{1}{4}$$

02
$$\frac{☆+\triangle}{11}$$
$$=(\boxed{☆+\triangle})\times\frac{1}{11}$$

03
$$\frac{A+B-C}{7}$$
$$=(A+B-C)\times\frac{1}{7}$$

144　145

▶정답 및 해설 56쪽

▶ 개념 다지기 1

쪼개진 분수는 합쳐서 쓰고, 합쳐진 분수는 쪼개어 쓰세요.

01 $\frac{3}{8}x-\frac{5}{8}$

분수를 합쳐서!

$$=\frac{3x-5}{8}$$

02 $\frac{6x+11}{7}$

분수를 쪼개서!

$$=\frac{6}{7}x+\frac{11}{7}\left(=\frac{6x}{7}+\frac{11}{7}\right)$$

03 $\frac{9a+11}{2}$

분수를 합쳐서!

$$=\frac{9a+11}{2}$$

04 $\frac{3x-11y}{10}$

분수를 쪼개서!

$$=\frac{3}{10}x-\frac{11}{10}y\left(=\frac{3x}{10}-\frac{11y}{10}\right)$$

05 $\frac{12b-32a}{23}$

분수를 쪼개서!

$$=\frac{12}{23}b-\frac{32}{23}a$$
$$\left(=\frac{12b}{23}-\frac{32a}{23}\right)$$

06 $\frac{9}{15}y+\frac{11}{15}z$

분수를 합쳐서!

$$=\frac{9y+11z}{15}$$

▶ 개념 다지기 2

빈칸을 알맞게 채우세요.

01 $\frac{2x+5}{4}=(\boxed{2x+5})\times\frac{1}{4}$

02 $\frac{6a-1}{7}=(\boxed{6a-1})\times\frac{1}{7}$

03 $\frac{1}{14}\times(9y-3)=\frac{9y-3}{\boxed{14}}$

04 $(-b\times 2c)\times\frac{1}{5}=\frac{-b\times 2c}{5}$
$$\left(=\frac{-2bc}{5}\right)$$

05 $(y\div 4)\times\frac{1}{8}=\frac{\boxed{y\div 4}}{8}$

06 $\frac{-4x-11y}{24}=(\boxed{-4x-11y})\times\frac{1}{\boxed{24}}$

▶ 개념 마무리 1

주어진 식을 두 분수로 쪼개어 계산하려고 합니다. 빈칸을 알맞게 채워 식을 간단히 쓰세요.

01 $\dfrac{6x-9}{3}$

$= \dfrac{\overset{2}{\boxed{6x}}}{\underset{1}{\cancel{3}}} \ominus \dfrac{\overset{3}{\boxed{\cancel{9}}}}{\underset{1}{\cancel{3}}}$

$= 2x - 3$

02 $\dfrac{8x+4}{4}$

$= \dfrac{\overset{2}{\boxed{8x}}}{\underset{1}{\cancel{4}}} \oplus \dfrac{\overset{1}{\boxed{\cancel{4}}}}{\underset{1}{\cancel{4}}}$

$= 2x + 1$

03 $\dfrac{10x+15}{6}$

$= \dfrac{\overset{5}{\boxed{10x}}}{\underset{3}{\cancel{6}}} \oplus \dfrac{\overset{5}{\boxed{15}}}{\underset{2}{\cancel{6}}}$

$= \dfrac{5}{3}x + \dfrac{5}{2}$

04 $\dfrac{21x-9}{12}$

$= \dfrac{\overset{7}{\boxed{21x}}}{\underset{4}{\cancel{12}}} \ominus \dfrac{\overset{3}{\boxed{\cancel{9}}}}{\underset{4}{\cancel{12}}}$

$= \dfrac{7}{4}x - \dfrac{3}{4}$

05 $\dfrac{8x-28}{16}$

$= \dfrac{\overset{1}{\cancel{8}}}{\underset{2}{\cancel{16}}}x - \dfrac{\overset{7}{\cancel{28}}}{\underset{4}{\cancel{16}}}$

$= \dfrac{1}{2}x - \dfrac{7}{4}$

06 $\dfrac{6x+30}{36}$

$= \dfrac{\overset{1}{\cancel{6}}}{\underset{6}{\cancel{36}}}x + \dfrac{\overset{5}{\cancel{30}}}{\underset{6}{\cancel{36}}}$

$= \dfrac{1}{6}x + \dfrac{5}{6}$

▶ 개념 마무리 2

주어진 식을 분수가 곱해진 모양으로 바꿔서 계산하려고 합니다. 빈칸을 알맞게 채워 식을 간단히 쓰세요.

01 $\dfrac{14x-3}{2}$

$= (14x-3) \times \dfrac{1}{\boxed{2}}$

$= 14x \times \dfrac{1}{\boxed{2}} \ominus 3 \times \dfrac{1}{\boxed{2}}$

$= 7x - \dfrac{3}{2}$

02 $\dfrac{35a-14}{7}$

$= (35a-14) \times \dfrac{1}{\boxed{7}}$

$= 35a \times \dfrac{1}{\boxed{7}} \ominus 14 \times \dfrac{1}{\boxed{7}}$

$= 5a - 2$

03 $\dfrac{2x+6}{8}$

$= (\boxed{2x+6}) \times \dfrac{1}{8}$

$= \boxed{2x} \times \dfrac{1}{8} \oplus \boxed{6} \times \dfrac{1}{8}$

$= \dfrac{1}{4}x + \dfrac{3}{4}$

04 $\dfrac{27x+3}{9}$

$= (\boxed{27x+3}) \times \dfrac{1}{9}$

$= 27x \times \dfrac{1}{9} + 3 \times \dfrac{1}{9}$

$= 3x + \dfrac{1}{3}$

05 $\dfrac{45x-12}{15}$

$= (45x-12) \times \dfrac{1}{15}$

$= 45x \times \dfrac{1}{15} - 12 \times \dfrac{1}{15}$

$= 3x - \dfrac{4}{5}$

06 $\dfrac{-13x-2}{26}$

$= (-13x-2) \times \dfrac{1}{26}$

$= (-13x) \times \dfrac{1}{26} - 2 \times \dfrac{1}{26}$

$= -\dfrac{1}{2}x - \dfrac{1}{13}$

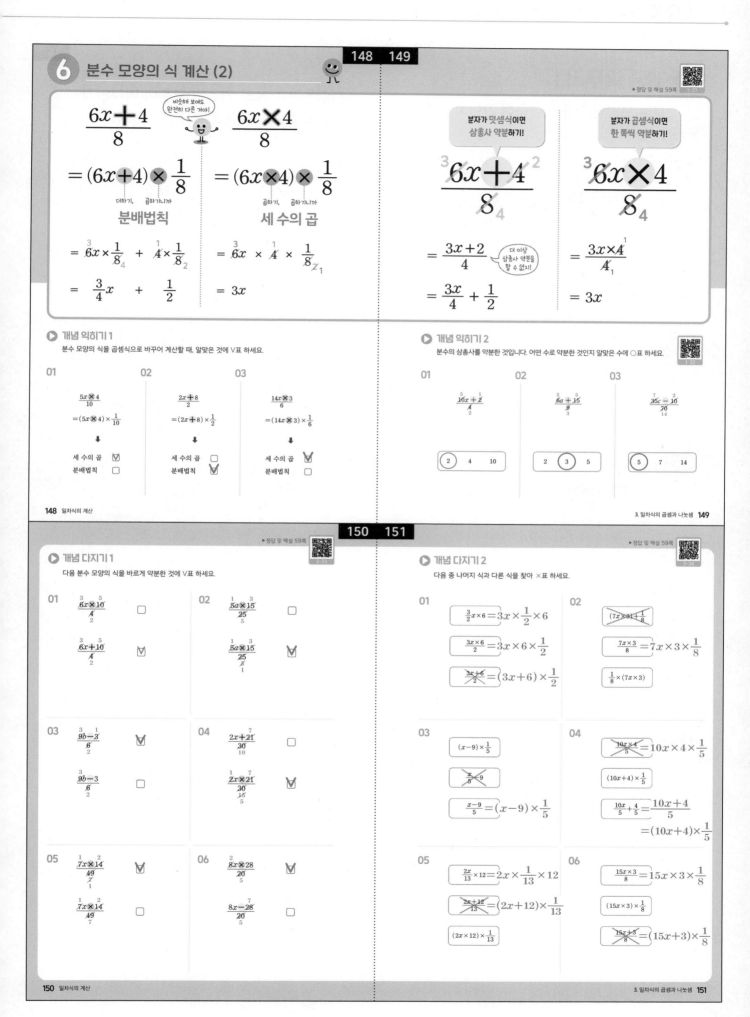

▶ 개념 마무리 1

분수 모양의 식을 약분하여 간단히 나타내세요.

*곱셈 기호 ×로 연결된 부분이 어디인지 잘 보고 계산해야 합니다.

01

$$\frac{\overset{12}{\cancel{24}}x + \overset{9}{\cancel{18}}}{\underset{7}{\cancel{14}}} = \frac{12x + 9}{7}$$

02

$$\frac{\overset{9}{\cancel{18}}a - \overset{7}{\cancel{14}}}{\underset{2}{\cancel{4}}} = \frac{9a - 7}{2}$$

03

$$\frac{12 \times \overset{4}{\cancel{60}}b}{\underset{1}{\cancel{15}}} = 48b$$

04

$$\frac{\overset{2}{\cancel{4}}x - \overset{16}{\cancel{32}}y}{\underset{3}{\cancel{6}}} = \frac{2x - 16y}{3}$$

05

$$\frac{\overset{5}{\cancel{15}}a + \overset{10}{\cancel{30}}b}{\underset{1}{\cancel{3}}} = 5a + 10b$$

06

$$\frac{-\overset{9}{\cancel{18}}b \times \overset{5}{\cancel{25}}c}{\underset{\underset{1}{5}}{\cancel{10}}} = -45bc$$

▶ 개념 마무리 2

다음을 계산하여 간단히 나타내세요.

01

$$6x + \overset{4}{\cancel{8}} \times \frac{1}{\underset{1}{\cancel{2}}} = 6x + 4$$

02

$$(\overset{2}{\cancel{10}}x \times 15) \times \frac{1}{\underset{1}{\cancel{5}}} \times 6$$

$$= 180x$$

03

$$\frac{1}{5} \times (5x - 15)$$

$$= \frac{1}{\underset{1}{\cancel{5}}} \times \overset{1}{\cancel{5}}x - \frac{1}{\underset{1}{\cancel{5}}} \times \overset{3}{\cancel{15}}$$

$$= x - 3$$

┌──── <다른 풀이> ────┐
$$\frac{1}{5} \times (5x - 15)$$

$$= \frac{\overset{1}{\cancel{5}}x - \overset{3}{\cancel{15}}}{\underset{1}{\cancel{5}}}$$

$$= x - 3$$
└──────────────────┘

04

$$\frac{\overset{2}{\cancel{12}}x + \overset{3}{\cancel{18}}y}{\underset{5}{\cancel{30}}} = \frac{2x + 3y}{5}$$

05

$$\frac{\overset{1}{\cancel{7}}x \times \overset{1}{\cancel{3}}y}{\underset{\underset{1}{\cancel{3}}}{\cancel{21}}} = xy$$

06

$$\frac{1}{\underset{1}{\cancel{7}}} \times \overset{2}{\cancel{14}}x + 21 = 2x + 21$$

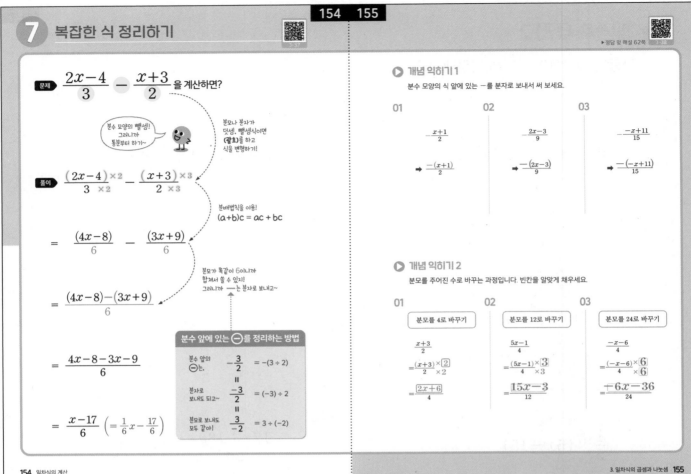

7 복잡한 식 정리하기

▶정답 및 해설 62쪽

문제 $\dfrac{2x-4}{3} \ominus \dfrac{x+3}{2}$ 을 계산하면?

분수 모양의 뺄셈!
그러니까
통분부터 하기~

분모나 분자가
덧셈, 뺄셈식이면
(괄호)를 하고
식을 변형하기!

풀이 $\dfrac{(2x-4)\times 2}{3\ \times 2} - \dfrac{(x+3)\times 3}{2\ \times 3}$

분배법칙을 이용!
$(a+b)c = ac + bc$

$= \dfrac{(4x-8)}{6} - \dfrac{(3x+9)}{6}$

분모가 똑같이 6이니까
합쳐서 쓸 수 있지
그러니까 ─ 는 분자로 보내고~

$= \dfrac{(4x-8)-(3x+9)}{6}$

분수 앞에 있는 ⊖를 정리하는 방법

분수 앞의
⊖는, $-\dfrac{3}{2} = -(3\div 2)$
        ‖
분자로
보내도 되고~ $\dfrac{-3}{2} = (-3)\div 2$
        ‖
분모로 보내도
모두 같아! $\dfrac{3}{-2} = 3\div(-2)$

$= \dfrac{4x-8-3x-9}{6}$

$= \dfrac{x-17}{6} \left(= \dfrac{1}{6}x - \dfrac{17}{6}\right)$

▶ **개념 익히기 1**

분수 모양의 식 앞에 있는 ─를 분자로 보내서 써 보세요.

01

$\dfrac{x+1}{2}$

➡ $\dfrac{-(x+1)}{2}$

02

$\dfrac{2x-3}{9}$

➡ $\dfrac{-(2x-3)}{9}$

03

$\dfrac{-x+11}{15}$

➡ $\dfrac{-(-x+11)}{15}$

▶ **개념 익히기 2**

분모를 주어진 수로 바꾸는 과정입니다. 빈칸을 알맞게 채우세요.

01

분모를 4로 바꾸기

$\dfrac{x+3}{2}$

$= \dfrac{(x+3)\times \boxed{2}}{2\ \times 2}$

$= \dfrac{\boxed{2x+6}}{4}$

02

분모를 12로 바꾸기

$\dfrac{5x-1}{4}$

$= \dfrac{(5x-1)\times \boxed{3}}{4\ \times 3}$

$= \dfrac{\boxed{15x-3}}{12}$

03

분모를 24로 바꾸기

$\dfrac{-x-6}{4}$

$= \dfrac{(-x-6)\times \boxed{6}}{4\ \times 6}$

$= \dfrac{\boxed{-6x-36}}{24}$

▶정답 및 해설 62쪽

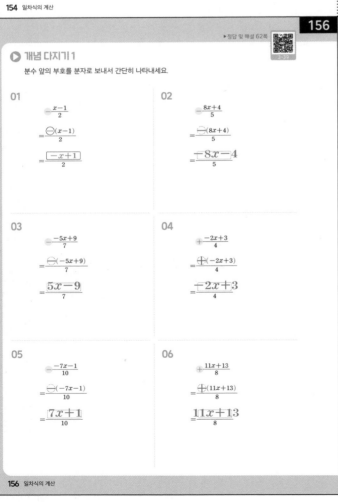

▶ **개념 다지기 1**

분수 앞의 부호를 분자로 보내서 간단히 나타내세요.

01

$\dfrac{x-1}{2}$

$= \dfrac{\ominus(x-1)}{2}$

$= \dfrac{\boxed{-x+1}}{2}$

02

$\dfrac{8x+4}{5}$

$= \dfrac{\ominus(8x+4)}{5}$

$= \dfrac{\boxed{-8x-4}}{5}$

03

$\dfrac{-5x+9}{7}$

$= \dfrac{\ominus(-5x+9)}{7}$

$= \dfrac{\boxed{5x-9}}{7}$

04

$\dfrac{-2x+3}{4}$

$= \dfrac{\oplus(-2x+3)}{4}$

$= \dfrac{\boxed{-2x+3}}{4}$

05

$\dfrac{-7x-1}{10}$

$= \dfrac{\ominus(-7x-1)}{10}$

$= \dfrac{\boxed{7x+1}}{10}$

06

$\dfrac{11x+13}{8}$

$= \dfrac{\oplus(11x+13)}{8}$

$= \dfrac{\boxed{11x+13}}{8}$

▶ 개념 다지기 2

빈칸을 알맞게 채우고, 계산해 보세요.

01

$$\frac{-x-2}{2} - \frac{-3x+1}{2}$$

$$= \frac{-x-2 \ominus (\boxed{-3x+1})}{2}$$

$$= \frac{-x-2 \boxed{+3x-1}}{2}$$

$$= \frac{\boxed{2x-3}}{2}$$

분수를 합쳐서 쓰기

괄호를 풀기

간단히 계산하기

02

$$\frac{4x+1}{11} + \frac{5x-6}{11}$$

$$= \frac{4x+1+ \boxed{5x-6}}{11}$$

$$= \frac{\boxed{9x-5}}{11}$$

분수를 합쳐서 쓰기

간단히 계산하기

03

$$\frac{2x+8}{9} - \frac{8x-2}{9}$$

$$= \frac{2x+8 \ominus (\boxed{8x-2})}{9}$$

$$= \frac{2x+8 \boxed{-8x+2}}{9}$$

$$= \frac{\boxed{-6x+10}}{9}$$

분수를 합쳐서 쓰기

괄호를 풀기

간단히 계산하기

04

$$\frac{x-8}{75} - \frac{-13x+20}{75}$$

$$= \frac{x-8 \ominus (\boxed{-13x+20})}{75}$$

$$= \frac{x-8 \boxed{+13x-20}}{75}$$

$$= \frac{\boxed{14x-28}}{75}$$

분수를 합쳐서 쓰기

괄호를 풀기

간단히 계산하기

05

$$\frac{-6x+10}{5} + \frac{-3x+20}{5}$$

$$= \frac{-6x+10+(-3x+20)}{5}$$

$$= \frac{-6x+10-3x+20}{5}$$

$$= \frac{-9x+30}{5}$$

06

$$\frac{30x-15}{31} - \frac{33x-6}{31}$$

$$= \frac{30x-15-(33x-6)}{31}$$

$$= \frac{30x-15-33x+6}{31}$$

$$= \frac{-3x-9}{31}$$

▶ 개념 마무리 1

빈칸을 알맞게 채우고, 계산해 보세요.

01

$$\frac{-3x+5}{6}-\frac{x+4}{3}$$

분모를 $\boxed{6}$ 으로 통분하기

$$=\frac{-3x+5}{6}-\frac{(x+4)\times\boxed{2}}{3\quad\times\boxed{2}}$$

$$=\frac{-3x+5}{6}-\frac{\boxed{2x+8}}{6}$$

$$=\frac{-3x+5-(2x+8)}{6}$$

$$=\frac{-3x+5-2x-8}{6}$$

$$=\frac{-5x-3}{6}$$

02

$$\frac{29x}{14}-\frac{-7x+6}{7}$$

분모를 $\boxed{14}$ 로 통분하기

$$=\frac{29x}{14}-\frac{(-7x+6)\times\boxed{2}}{7\quad\times\boxed{2}}$$

$$=\frac{29x}{14}-\frac{\boxed{-14x+12}}{14}$$

$$=\frac{29x-(-14x+12)}{14}$$

$$=\frac{29x+14x-12}{14}$$

$$=\frac{43x-12}{14}$$

03

$$\frac{2x+1}{4}+\frac{x-3}{3}$$

$$=\frac{(2x+1)\times3}{4\quad\times3}+\frac{(x-3)\times4}{3\quad\times4}$$

$$=\frac{6x+3}{12}+\frac{4x-12}{12}$$

$$=\frac{6x+3+4x-12}{12}$$

$$=\frac{10x-9}{12}$$

04

$$\frac{-5x+5}{15}-\frac{7x-6}{10}$$

$$=\frac{(-5x+5)\times2}{15\quad\times2}-\frac{(7x-6)\times3}{10\quad\times3}$$

$$=\frac{-10x+10}{30}-\frac{21x-18}{30}$$

$$=\frac{-10x+10-(21x-18)}{30}$$

$$=\frac{-10x+10-21x+18}{30}$$

$$=\frac{-31x+28}{30}$$

02

$$(24x-16)\times\frac{1}{8}-\frac{9}{4}x\times\frac{4}{3}$$

$$=\overset{3}{24}x\times\frac{1}{\underset{1}{8}}-\overset{2}{16}\times\frac{1}{\underset{1}{8}}-\frac{\overset{3}{9}}{\underset{1}{4}}x\times\frac{\overset{1}{4}}{\underset{1}{3}}$$

$$=3x-2-3x$$

$$=-2$$

답 -2

03

$$\frac{9x-19}{7}+\frac{1}{7}(5x-2)$$

$$=\frac{9x-19}{7}+\frac{5x-2}{7}$$

$$=\frac{9x-19+5x-2}{7}$$

$$=\frac{\overset{2}{14}x-\overset{3}{21}}{\underset{1}{7}}$$

$$=2x-3$$

답 $2x-3$

04

$$(4x-12)\div10-\frac{1}{5}(-8x+34)$$

$$=(4x-12)\times\frac{1}{10}-\frac{-8x+34}{5}$$

$$=\frac{\overset{2}{4}x-\overset{6}{12}}{\underset{5}{10}}-\frac{-8x+34}{5}$$

$$=\frac{2x-6-(-8x+34)}{5}$$

$$=\frac{2x-6+8x-34}{5}$$

$$=\frac{\overset{2}{10}x-\overset{8}{40}}{\underset{1}{5}}$$

$$=2x-8$$

답 $2x-8$

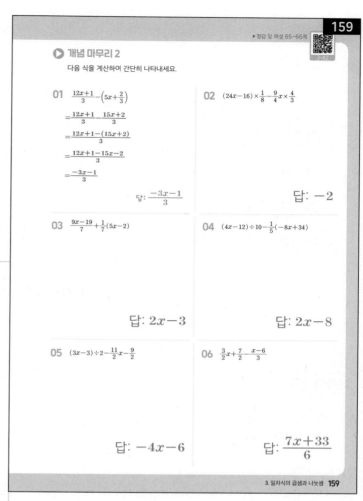

개념 마무리 2

다음 식을 계산하여 간단히 나타내세요.

01 $\frac{12x+1}{3}-\left(5x+\frac{2}{3}\right)$

$$=\frac{12x+1}{3}-\frac{15x+2}{3}$$

$$=\frac{12x+1-(15x+2)}{3}$$

$$=\frac{12x+1-15x-2}{3}$$

$$=\frac{-3x-1}{3}$$

답: $\frac{-3x-1}{3}$

02 $(24x-16)\times\frac{1}{8}-\frac{9}{4}x\times\frac{4}{3}$

답: -2

03 $\frac{9x-19}{7}+\frac{1}{7}(5x-2)$

답: $2x-3$

04 $(4x-12)\div10-\frac{1}{5}(-8x+34)$

답: $2x-8$

05 $(3x-3)\div2-\frac{11}{2}x-\frac{9}{2}$

답: $-4x-6$

06 $\frac{3}{2}x+\frac{7}{2}-\frac{x-6}{3}$

답: $\frac{7x+33}{6}$

3. 일차식의 곱셈과 나눗셈 **159**

05

$$(3x-3)\div2-\frac{11}{2}x-\frac{9}{2}$$

$$=(3x-3)\times\frac{1}{2}-\frac{11}{2}x-\frac{9}{2}$$

$$=\frac{3x-3}{2}-\frac{11}{2}x-\frac{9}{2}$$

$$=\frac{3x-3-11x-9}{2}$$

$$=\frac{\overset{4}{-8}x-\overset{6}{12}}{\underset{1}{2}}$$

$$=-4x-6$$

답 $-4x-6$

06

$$\frac{3}{2}x+\frac{7}{2}-\frac{x-6}{3}$$

$$=\frac{(3x+7)\times 3}{2\ \times 3}-\frac{(x-6)\times 2}{3\ \times 2}$$

$$=\frac{9x+21}{6}-\frac{2x-12}{6}$$

$$=\frac{9x+21-(2x-12)}{6}$$

$$=\frac{9x+21-2x+12}{6}$$

$$=\frac{7x+33}{6}$$

답 $\dfrac{7x+33}{6}$

03

① $2a\times(-5)$
$=-10a\neq 10a$

② $\frac{1}{\overset{1}{2}}\times\left(-\frac{\overset{1}{2}}{5}b\right)$
$=-\frac{1}{5}b\neq -5b$

③ $(-3x)\times(-6y)$
$=18xy\neq 18x^2$

④ $(-10)\times 4b$
$=-40b$

⑤ $\overset{3}{\cancel{15}}a\times\left(-\frac{1}{\underset{1}{\cancel{5}}}a\right)$
$=-3a^2\neq -3a$

답 ④

05

① $-2(5x-3)=-10x\boxed{+}6$

② $10(-8y+3)=\boxed{-}80y+30$

③ $\frac{3}{7}(-14a-7b)=-6a\boxed{-}3b$

④ $-(123-45x)=\boxed{-}123+45x$

⑤ $-12\left(-\frac{2}{3}+\frac{5c}{6}\right)=8\boxed{-}10c$

답 ①

160

3. 일차식의 곱셈과 나눗셈 **단원 마무리**

01 다음 식을 계산하여 간단히 나타내시오.
$6x\times(-2y)=\mathbf{-12xy}$

02 빈칸에 알맞은 식을 쓰시오.
$\frac{3}{8}a-\frac{1}{8}=\frac{\mathbf{3a-1}}{8}$

03 다음 중 계산을 바르게 한 것은? ④
① $2a\times(-5)=10a$
② $\frac{1}{2}\times\left(-\frac{2}{5}b\right)=-5b$
③ $(-3x)\times(-6y)=18x^2$
✓④ $(-10)\times 4b=-40b$
⑤ $15a\times\left(-\frac{1}{5}a\right)=-3a$

04 한 모서리의 길이가 $3x$인 정육면체의 부피를 x에 대한 식으로 간단히 나타내시오. $27x^3$
$$3x\times 3x\times 3x$$
$$=27x^3$$

05 다음 중 빈칸에 들어갈 부호가 <u>다른</u> 하나는? ①
✓① $-2(5x-3)=-10x\bigcirc 6$
② $10(-8y+3)=\bigcirc 80y+30$
③ $\frac{3}{7}(-14a-7b)=-6a\bigcirc 3b$
④ $-(123-45x)=\bigcirc 123+45x$
⑤ $-12\left(-\frac{2}{3}+\frac{5c}{6}\right)=8\bigcirc 10c$

160 일차식의 계산

06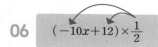

① 분배법칙을 쓸 수 있습니다. (○)

② x에 대한 일차식입니다. (○)

③ 다항식과 단항식의 곱입니다. (○)

$$\underset{\text{다항식}}{\underline{(-10x+12)}} \times \underset{\text{단항식}}{\frac{1}{2}}$$

④ 간단히 한 식에서 상수항은 6입니다. (○)

$$(-10x+12) \times \frac{1}{2} = (-10x) \times \frac{1}{2} + 12 \times \frac{1}{2}$$

$$= (-\overset{5}{10}x) \times \frac{1}{\underset{1}{2}} + \overset{6}{12} \times \frac{1}{\underset{1}{2}}$$

$$= \underset{\text{상수항}}{-5x + \underline{6}}$$

⑤ 간단히 한 식에서 일차항의 계수는 -10입니다. (×)

→ 일차항의 계수는 -5

답 ⑤

---

07 $(24x \ominus 36) \otimes \frac{1}{3} = 8x - 12$

답 $-$, $\times$

---

08 ① $\dfrac{\overset{1}{\cancel{5}}a + \overset{3}{\cancel{15}}}{\underset{2}{\cancel{10}}} = \dfrac{a+3}{2}$

② $\dfrac{\overset{1}{\cancel{3}}a \times 5}{\underset{2}{\cancel{6}}} = \dfrac{5a}{2}$

③ $\dfrac{\overset{1}{\cancel{2}}b - \overset{5}{\cancel{10}}}{\underset{2}{\cancel{4}}} = \dfrac{b-5}{2} \neq \dfrac{b-10}{2}$

④ $\dfrac{\overset{1}{\cancel{3}}c \times \overset{1}{\cancel{5}}}{\underset{\underset{2}{\cancel{10}}}{\cancel{30}}} = \dfrac{c}{2}$

⑤ $\dfrac{-\overset{4}{\cancel{8}}a - \overset{3}{\cancel{6}}}{\underset{2}{\cancel{4}}} = \dfrac{-4a-3}{2}$

답 ③

161

▶ 정답 및 해설 66~67쪽

06 다음 식에 대한 설명으로 옳지 않은 것은? ⑤

$$(-10x+12) \times \frac{1}{2}$$

① 분배법칙을 쓸 수 있습니다.
② x에 대한 일차식입니다.
③ 다항식과 단항식의 곱입니다.
④ 간단히 한 식에서 상수항은 6입니다.
⑤ 간단히 한 식에서 일차항의 계수는 -10입니다.

07 계산 결과를 보고 ○안에 알맞은 연산 기호를 쓰시오.

$$(24x \bigcirc 36) \otimes \frac{1}{3} = 8x - 12$$

08 분수 모양의 식을 약분한 것으로 옳지 않은 것은? ③

① $\dfrac{5a+15}{10} = \dfrac{a+3}{2}$

② $\dfrac{3a \times 5}{6} = \dfrac{5a}{2}$

③ $\dfrac{2b-10}{4} = \dfrac{b-10}{2}$

④ $\dfrac{3c \times 5}{30} = \dfrac{c}{2}$

⑤ $\dfrac{-8a-6}{4} = \dfrac{-4a-3}{2}$

09 색칠한 부분의 넓이를 간단히 나타내시오.

$13ab$

10 분수 모양의 식을 계산하는 과정입니다. 빈칸을 알맞게 채우시오.

$$\frac{3x+5}{2} - \frac{\cancel{12}x + 36}{\underset{4}{\cancel{48}}}$$

$$= \frac{3x+5}{2} - \frac{x+3}{4}$$

$$= \frac{6x+10}{4} - \frac{x+3}{4}$$

$$= \frac{6x+10 + x-3}{4}$$

$$= \frac{7x+7}{4}$$

3. 일차식의 곱셈과 나눗셈 **161**

09

$\to \dfrac{11}{2}b \times 10a - 7a \times 6b$

$= \dfrac{11}{\underset{1}{2}}b \times \overset{5}{10}a - 42ab$

$= 55ab - 42ab$

$= 13ab$

답 $13ab$

162쪽 풀이

11

$$3(2-9x)-\frac{11}{4}(4x-16)=ax+b$$

$$=3\times2-3\times9x-\frac{11}{\cancel{4}_1}\times\cancel{4}^1x+\frac{11}{\cancel{4}_1}\times\cancel{16}^4$$

$$=6-27x-11x+44$$

$$=\underset{\overset{\|}{a}}{-38x}+\underset{\overset{\|}{b}}{50}$$

🔲 $a=-38,\ b=50$

12

① $\dfrac{8a+6}{24}=\dfrac{\overset{1}{\cancel{8}}a}{\underset{3}{\cancel{24}}}+\dfrac{\overset{1}{\cancel{6}}}{\underset{4}{\cancel{24}}}=\dfrac{a}{3}+\dfrac{1}{4}$

② $\dfrac{4a+6}{12}=\dfrac{\overset{1}{\cancel{4}}a}{\underset{3}{\cancel{12}}}+\dfrac{\overset{1}{\cancel{6}}}{\underset{2}{\cancel{12}}}=\dfrac{a}{3}+\dfrac{1}{2}$

③ $(8a+6)\times\dfrac{1}{24}=\dfrac{\overset{1}{\cancel{8}}a}{\underset{3}{\cancel{24}}}+\dfrac{\overset{1}{\cancel{6}}}{\underset{4}{\cancel{24}}}=\dfrac{a}{3}+\dfrac{1}{4}$

④ $\dfrac{a}{3}+\dfrac{1}{4}$

⑤ $\dfrac{\overset{1}{\cancel{8}}}{\underset{3}{\cancel{24}}}a+\dfrac{\overset{1}{\cancel{6}}}{\underset{4}{\cancel{24}}}=\dfrac{a}{3}+\dfrac{1}{4}$

🔲 ②

14

> (마름모의 넓이)
> =(한 대각선의 길이)×(다른 대각선의 길이)×$\dfrac{1}{2}$

$$9\times\left(\frac{2}{3}a+6\right)\times\frac{1}{2}$$

$$=\frac{9}{2}\times\left(\frac{2}{3}a+6\right)$$

$$=\frac{\overset{3}{\cancel{9}}}{\underset{1}{\cancel{2}}}\times\frac{\overset{1}{\cancel{2}}}{\underset{1}{\cancel{3}}}a+\frac{9}{\cancel{2}_1}\times\cancel{6}^3$$

$$=3a+27$$

🔲 $3a+27$

단원 마무리

11 다음 식을 만족하는 상수 a, b의 값을 각각 구하시오.

> $3(2-9x)-\dfrac{11}{4}(4x-16)=ax+b$

$$a=-38,\ b=50$$

12 다음 식 중에서 다른 하나는? ②

① $\dfrac{8a+6}{24}$

② $\dfrac{4a+6}{12}$

③ $(8a+6)\times\dfrac{1}{24}$

④ $\dfrac{a}{3}+\dfrac{1}{4}$

⑤ $\dfrac{8}{24}a+\dfrac{6}{24}$

13 다음 식을 만족하는 ㉠과 ㉡에 대하여 ㉠×㉡의 값을 구하시오. $30y$

> • $10xy=-2x\times$ ㉠
> • $-3a=\dfrac{1}{2}a\times$ ㉡

㉠: $-5y$ ㉡: -6

→ ㉠×㉡ $=(-5y)\times(-6)$
$=30y$

14 다음 마름모의 넓이를 a에 대한 식으로 간단히 나타내시오.

$$3a+27$$

15 다음 식을 계산하여 간단히 나타내시오.

$$7a+15\times\frac{b}{3}-\frac{8a+20b}{2}$$

$$3a-5b$$

15

$$7a+15\times\frac{b}{3}-\frac{8a+20b}{2}$$

$$=7a+\cancel{15}^5\times\frac{b}{\cancel{3}_1}-\frac{\overset{4}{\cancel{8}}a+\overset{10}{\cancel{20}}b}{\cancel{2}_1}$$

$$=7a+5b-(4a+10b)$$

$$=7a+5b-4a-10b$$

$$=3a-5b$$

🔲 $3a-5b$

16

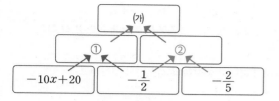

① $(-10x+20) \times \left(-\dfrac{1}{2}\right)$

$= -\overset{5}{10}x \times \left(-\dfrac{1}{2}\right) + \overset{10}{20} \times \left(-\dfrac{1}{2}\right)$

$= 5x - 10$

② $\left(-\dfrac{1}{2}\right) \times \left(-\dfrac{2}{5}\right) = \dfrac{1}{5}$

➡ (개)에 알맞은 식은 ①×②

$(5x-10) \times \dfrac{1}{5} = \overset{1}{5}x \times \dfrac{1}{5} - \overset{2}{10} \times \dfrac{1}{5}$

$= x - 2$

답 $x-2$

---

17 $-3[-6a-\{-5b+3a+2(4b-a)\}]$

$= -3[-6a-\{-5b+3a+8b-2a\}]$

$= -3[-6a-\{3b+a\}]$

$= -3[-6a-3b-a]$

$= -3[-7a-3b]$

$= 21a+9b$

답 $21a+9b$

---

18 $\dfrac{7x-2y}{6} + \dfrac{3x-z}{3} - \dfrac{x+y+z}{2}$

$= \dfrac{7x-2y}{6} + \dfrac{6x-2z}{6} - \dfrac{3x+3y+3z}{6}$

$= \dfrac{7x-2y+(6x-2z)-(3x+3y+3z)}{6}$

$= \dfrac{7x-2y+6x-2z-3x-3y-3z}{6}$

$= \dfrac{10x-5y-5z}{6}$

$= \underset{a}{\underline{\dfrac{10}{6}}}x - \underset{b}{\underline{\dfrac{5}{6}}}y - \underset{c}{\underline{\dfrac{5}{6}}}z$

➡ $a+b+c = \dfrac{10}{6} - \dfrac{5}{6} - \dfrac{5}{6}$

$= 0$

답 0

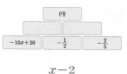

정답 및 해설 68~70쪽

16 다음은 이웃한 두 블록에 적힌 식을 곱하여 위쪽에 놓인 블록에 적는 규칙으로 쌓아올린 모양입니다. (개)에 알맞은 식을 구하시오.

$x-2$

17 다음 식을 계산하여 간단히 나타내시오.

$-3[-6a-\{-5b+3a+2(4b-a)\}]$

$21a+9b$

18 다음 식을 만족하는 상수 a, b, c에 대하여 $a+b+c$의 값을 구하시오.

$\dfrac{7x-2y}{6} + \dfrac{3x-z}{3} - \dfrac{x+y+z}{2}$
$= ax+by+cz$

0

19 학교에서 단체로 박물관에 견학을 가려고 합니다. 선생님의 수는 x명이고, 학생 수는 선생님의 수의 3배보다 10명이 적다고 할 때, 박물관 입장료의 총액을 x에 대한 식으로 간단히 나타내시오.

구분	금액(원)
어른	2000
청소년/어린이	1000
5세 미만	무료

$(5000x-10000)$원

20 계산 결과에 알맞게 보기에서 두 식을 골라 빈칸에 쓰시오.

┌ 보기 ┐
| $x-3$ | $2x-1$ | $5x-2$ |

$(\boxed{5x-2}) - 3(\boxed{2x-1}) = -x+1$

3. 일차식의 곱셈과 나눗셈 163

163쪽 풀이

19 선생님: x명
학생: $(3x-10)$명

어른은 2000원, 학생은 1000원이므로
입장료의 총액을 식으로 나타내면,

$2000x+1000(3x-10)$
$=2000x+3000x-10000$
$=5000x-10000$

🗊 $(5000x-10000)$원

20 $(\boxed{})-3(\boxed{})=-x+1$
$x-3$, $2x-1$, $5x-2$ 중에서 빈칸에 들어갈 식 찾기

❶ 상수항이 없다고 생각하고 x만 먼저 계산해보기

→ $(\boxed{})-3(\boxed{})=-x$의 빈칸에
x, $2x$, $5x$ 중 어떤 것을 대입했을 때 성립하는지 찾기

- x, $2x$를 x, $2x$와 $2x$, x 순서로 대입
$x-3\times 2x=x-6x=-5x$
$2x-3\times x=2x-3x=-x$ ◀── $2x$, x를 대입했을 때 성립!
따라서 $2x-1$, $x-3$을
대입했을 때도 성립하는지
확인해 볼 것!

- x, $5x$를 x, $5x$와 $5x$, x 순서로 대입
$x-3\times 5x=x-15x=-14x$
$5x-3\times x=5x-3x=2x$

- $2x$, $5x$를 $2x$, $5x$와 $5x$, $2x$ 순서로 대입
$2x-3\times 5x=2x-15x=-13x$
$5x-3\times 2x=5x-6x=-x$ ◀── $5x$, $2x$를 대입했을 때 성립!
따라서 $5x-2$, $2x-1$을
대입했을 때도 성립하는지
확인해 볼 것!

❷ 원래 식을 대입하여 성립하는지 확인하기
$(\boxed{\uparrow})-3(\boxed{\uparrow})=-x+1$
$\quad 2x-1 \qquad x-3$
$\quad$ 대입 $\qquad$ 대입

→ $(2x-1)-3(x-3)=2x-1-3x+9$
$\qquad\qquad\qquad =-x+8\neq -x+1$

$(\boxed{\uparrow})-3(\boxed{\uparrow})=-x+1$
$\quad 5x-2 \qquad 2x-1$
$\quad$ 대입 $\qquad$ 대입

→ $(5x-2)-3(2x-1)=5x-2-6x+3$
$\qquad\qquad\qquad =-x+1$ → 성립함!

따라서, $(\boxed{5x-2})-3(\boxed{2x-1})=-x+1$

🗊 $5x-2$, $2x-1$

21 A$=4x-3$, B$=-x+1$일 때, A-2B는?

$$A-2B$$
$$=(4x-3)-2(-x+1)$$
$$=4x-3+2x-2$$
$$=6x-5$$

답 $6x-5$

22 일차식 A에 $3x-9$를 $\frac{1}{3}$배하여 더해야 하는데
잘못해서 일차식 A에 $3x-9$를 3배하여 더했더니
$-x+2$가 됨

잘못 계산한 식

$$A+3(3x-9)=-x+2$$
$$A+9x-27=-x+2$$
$$A=(-x+2)-(9x-27)$$
$$A=-x+2-9x+27$$
$$A=-10x+29$$

바르게 계산한 식

$$(-10x+29)+\frac{1}{3}(3x-9)$$
$$=-10x+29+\frac{1}{\cancel{3}_1}\times\cancel{3}^1 x-\frac{1}{\cancel{3}_1}\times\cancel{9}^3$$
$$=-10x+29+x-3$$
$$=-9x+26$$

답 $-9x+26$

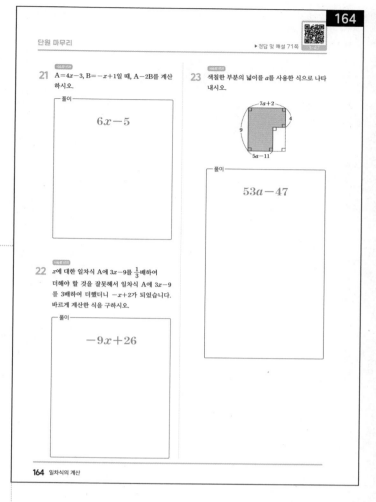

단원 마무리 ▶정답 및 해설 71쪽

21 A$=4x-3$, B$=-x+1$일 때, A-2B를 계산하시오.

풀이
$6x-5$

22 x에 대한 일차식 A에 $3x-9$를 $\frac{1}{3}$배하여 더해야 할 것을 잘못해서 일차식 A에 $3x-9$를 3배하여 더했더니 $-x+2$가 되었습니다. 바르게 계산한 식을 구하시오.

풀이
$-9x+26$

23 색칠한 부분의 넓이를 a를 사용한 식으로 나타내시오.

풀이
$53a-47$

164 일차식의 계산

23

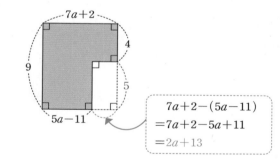

$$7a+2-(5a-11)$$
$$=7a+2-5a+11$$
$$=2a+13$$

색칠한 부분의 넓이 → $9(7a+2)-5(2a+13)$
$$=63a+18-10a-65$$
$$=53a-47$$

답 $53a-47$

MEMO